健康食堂运营指南

模块·流程·细则·工具

夏连悦◎著

图书在版编目（CIP）数据

健康食堂运营指南：模块、流程、细则、工具 / 夏连悦著. -- 北京：企业管理出版社，2022.7
ISBN 978-7-5164-2546-6

Ⅰ.①健… Ⅱ.①夏… Ⅲ.①食堂—运营管理—指南 Ⅳ.①TS972.3-62

中国版本图书馆CIP数据核字（2021）第264801号

书　　名：健康食堂运营指南：模块、流程、细则、工具
书　　号：ISBN 978-7-5164-2546-6
作　　者：夏连悦
选题策划：周灵均
责任编辑：张　羿　周灵均
出版发行：企业管理出版社
经　　销：新华书店
地　　址：北京市海淀区紫竹院南路17号　　邮　　编：100048
网　　址：http://www.emph.cn　　电子信箱：26814134@qq.com
电　　话：编辑部（010）68456991　　发行部（010）68701816
印　　刷：河北宝昌佳彩印刷有限公司
版　　次：2022年7月第1版
印　　次：2022年7月第1次印刷
开　　本：710mm × 1000mm　1/16
印　　张：17.5
字　　数：250千字
定　　价：78.00元

版权所有　翻印必究 · 印装有误　负责调换

推荐序一

《健康食堂经营管理规范》
——健康中国民生工程行动指南

中国市场学会副会长兼秘书长　朱小惠

岁月如刀，每一圈年轮都在人们脸上刻下印痕。当然，新年总能给人带来惊喜，这不，眼前这部《健康食堂运营指南：模块、流程、细则、工具》和《健康食堂经营管理规范》给我们带来了2022年开年的最大惊喜。从2021年到2030年这10年，健康中国与健康国人、免疫力与竞争力是并行不悖的国策设计。

如果以人均80岁来计算国人的平均寿命，每人每天吃三餐，不难得出：人这一辈子要吃8万多餐。从幼儿园到中小学餐桌，从国家机关到企业食堂，从盒餐便当到老年营养餐，我们的大多数用餐都是在食堂享用的，显然，食堂打造是民生工程、良心工程、健康工程。

梳理中国团餐业态发展轨迹，不难发现，高校后勤的社会化、政府后勤模块改革、公司企业推向市场、航食医院市场配餐、城市活动市场供餐，是逐渐市场化的系统工程。显然，中国团餐业态运行与中国市场学会宗旨的高度一致，是二者走到一起并行不悖的经济逻辑。

分析中国团餐业态发展历程，不难发现，食堂虽然是人们的生活方式，却是“大锅饭”“不好吃”“效率低”的代名词。尽管食堂已完成从普通食堂向精美餐厅、美食广场的晋级，但少有组织创新、制度创新、模式创新。在《中国团餐经营之道：团餐企业 MBA 案例教程》一书出版后，业界一直呼唤管理规范与指南。

夏连悦老师的新书《健康食堂运营指南：模块、流程、细则、工具》出版，我由衷地为他感到高兴。夏连悦老师本科阶段学贸易经济，研究生阶段学服务经济管理，研究生毕业后从事快餐业、团餐业、简餐业的实践、研发、教学等工作，完成了从知向识的转化、从识向知的升华过程。正因他的学习与实践，才有了我们眼前的这部沉甸甸的专业著作。

中国市场学会是经中华人民共和国民政部批准，于 1991 年 3 月在北京成立的全国性社会团体，它的上级主管部门是中国社会科学院。中国市场学会团餐专业委员会专家团队有资质、有能力拟订行业标准，才有了《健康食堂经营管理规范》与《健康食堂经营管理细则》两个文件的推行。

夏连悦老师新书的出版可以说非常及时。既然"健康中国 2030"战略规划已为未来做了布局，那么如何让战略布局落地？对此，团餐行业需要集理念、方法、工具为一体的工作指导书。《健康食堂运营指南：模块、流程、细则、工具》一书出版，为业界同人设计了"健康中国 2030"战略规划落地的时间表与路线图工具。

2022 年 2 月

推荐序二

中国市场学会团餐专业委员会主席　李平金

夏连悦老师的《健康食堂运营指南：模块、流程、细则、工具》一书即将出版，我由衷地为他感到高兴。祝贺他取得的学术成果，他对中国团餐事业所做的贡献令人钦佩。夏连悦老师为团餐行业奉献了最具价值的专业著作。

我是在中国团餐产业论坛与夏连悦老师相识的，由于团餐最早是在快餐业态，我们又都没离开过快餐领域，因而我见证了夏连悦老师在第十二届中国团餐产业发展大会上所做的主旨报告以及为中国好食堂规范拟订所做的贡献。

《健康食堂运营指南：模块、流程、细则、工具》是夏连悦老师继《中国团餐经营之道：团餐企业 MBA 案例教程》之后的又一力作。作为行业著作，该书讲述了健康食堂的环境、产品、服务，营运、管理、作业，安全、营养、健康运营指南，以及具体实施细则。

夏连悦老师作为行业顾问，谙熟餐饮企业运营之道，为其提供策划、指导及问题解决方案。夏连悦老师在为不同餐饮业态、发展阶段、发展规模的餐饮企业提供策划、指导的过程中，也积累了丰富的经验。

夏连悦老师作为行业专家，有理论自信、知识自信、实践自信，是“一专多能”的行业专家（“专”指精通团餐专业，“通”指通晓其他专业）。夏连悦老师在快餐领域、团餐领域获得的终身成就奖，是对他努力追求的褒奖。

中国团餐业态发展经历了从普通食堂向精美餐厅、美食广场的三次转型与过渡，我本人既是见证者，又是实践者，还是操盘手。中国团餐还在路上，需要方法论与工具论的专业指南做指导，以便少走弯路。

作为中快餐饮集团的创始人之一，我深知无论是我们擅长高校食堂，还是公司团餐，或是医院营养餐，都离不开健康食堂的专业理念。健康食堂专业命题打透了业态、店态、业种之间的隔阂与藩篱。

在当选中国市场学会团餐专业委员会主席后，我深刻体会出夏连悦老师常讲的“目标在前方，道路在脚下，答案在风中”的滋味，好在关键时刻夏连悦老师为我们送来了2021—2030年的方向指南、方法指南、工作指南。

中国团餐业态发展要经历六好食堂、智能食堂、健康食堂三次晋级。夏连悦老师为六好食堂做过打样，为智能食堂做过提案，今天，为健康食堂做了新设计。《健康食堂运营指南：模块、流程、细则、工具》一书的出版，是中国团餐业态的福音，又是业界打造健康食堂的教科书。

2022年2月

推荐序三

中国市场学会团餐专业委员会秘书长　崔明杰

夏连悦老师的《健康食堂运营指南：模块、流程、细则、工具》即将出版，我由衷地为他感到高兴。2020年年底，我收到夏连悦老师出版的《中国团餐经营之道：团餐企业MBA案例教程》一书，2022年年初就收到了《健康食堂运营指南：模块、流程、细则、工具》新书样稿。2021—2030年的10年，"健康食堂打造"是健康中国战略规划的重点，会在团餐领域落地。

中国团餐业态从20世纪50年代的机关食堂，到今天的美食广场，已有70年的发展历程，遗憾的是，少有组织、制度、模式创新。虽然夏连悦老师拟订的好食堂的六项标准做过推广，智能食堂六项规范做过提案，但只有《健康食堂经营管理规范》作为行业标准真正得到了推广。

我和夏连悦老师在中国快餐产业论坛与中国团餐产业论坛有过合作，本次在中国市场学会团餐专业委员会我们再度牵手合作，相信会在实践自信、知识自信、理论自信的基础上，从产销环节、配销环节、销售环节为业界奉献更多的行业经典，让我们一起与时同行、与时俱进。

本次为夏连悦老师的新书《健康食堂运营指南：模块、流程、细则、工具》写推荐语，还有一个重要原因，即我们合作的《健康食堂经营管理规范》也随即刊登出版。不但如此，还有配套的实施细则与评分标准，以确保行业规范内容能实施落地。本行业规范放在专著出版背景下更有底气。

夏连悦老师是中国改革开放后第一批专门从事快餐与团餐产业发展研

究的探索者。夏连悦老师是见证了中国快餐产业与团餐产业从孕育期到初创期再到成长期的发展历程的专家，因而有资格、有能力写出有力道的专著。难能可贵的是，夏连悦老师三年前就开始了“健康食堂打造”的指导工作。

《健康食堂运营指南：模块、流程、细则、工具》以作业指导为主线，既讲述了场所设计、服务设计、产品设计商业模式的硬性指标，又讲述了组织架构、工作岗位、工作细则的软性指导，还讲述了硬性指标、软性指导、匹配关系的对标设计，是打造健康食堂的教科书、方法论、工具箱。

21 世纪的今天，中国团餐事业厚积薄发，在餐饮产业中占据了 25% 以上的市场份额，这也决定了团餐企业对健康中国、健康国人、民生工程的使命与担当。中国团餐企业无论是方向选择，还是转型升级，或是弯道超车，都需要能提出问题、分析问题、解决问题的方法论与工具论作为行动指南。

2022 年 2 月

推荐序四

中国市场学会团餐专业委员会专家　程辉

2020年，我为夏连悦老师的《中国团餐经营之道：团餐企业MBA案例教程》写过推荐语；2022年年初，我再次为夏连悦老师的新书《健康食堂运营指南：模块、流程、细则、工具》写推荐语。我还知道夏连悦老师的供应链专业书籍已经脱稿，值得期待。夏连悦老师不愧为团餐业态专业领域的领航人！

我和夏连悦老师是在快餐业态结的缘分。在20世纪90年代快餐业态产业论坛上我和夏连悦老师相识，知道夏连悦老师是快餐业态的践行者、快餐企业的顾问人、快餐行业的专家。夏连悦老师在论坛上的发言从理论到实践、从实践到理论，每一次总结、提炼、升华都给我留下了深刻的印象。

我和夏连悦老师相知也是因团餐业态的缘分。团餐业态在初创阶段是在快餐业态平台孵化的，我也见证了夏连悦老师在第十二届中国团餐产业发展大会上的主旨发言（收录在《中国团餐经营之道：团餐企业MBA案例教程》一书中）。夏连悦老师是中国团餐业态发展历程的亲历者，他的推文值得团餐行业同人珍惜。

“没有实践的理论是空洞的理论，没有理论的实践是盲目的实践”，这是夏连悦老师在做团餐指导时的箴言。确实，中国团餐业态实践超前、理论滞后的状况导致团餐企业很难突破初级、低度、粗放阶段的经营格局，缺少静下来总结团餐业态发展历程、分析团餐业态本质的专业著作做指引。

中国团餐企业商业模式转型，无论是从食堂到餐厅再到广场，还是从六好食堂到智能食堂再到健康食堂，团餐企业商业模式一直在升级。每次升级，夏连悦老师都给了前瞻性、全局性、系统性的指引，才使团餐企业顺利实现竞争优势前移；同时弥补了团餐业态实践超前、理论滞后的不足。

亚惠团餐运用美食广场模式，经历了区域连锁、跨区连锁、大中国区发展阶段；把地产经营、物业招租、代金券制导入团餐经营领域；把产销、配销、销售三个环节打透，赢得了环节优势。当然，谙熟自助、档口、包房产品模式，运用研发、组合、创新赢得优势才是不二选择。

夏连悦老师的专业著作是方法论，从提出问题、分析问题到解决问题，为工作指导书做了样本。我做过教育，深知写运营指南与作业指导，既要有扎实的理论功底，又要有丰富的实践，还要有提炼的能力。感谢夏连悦老师为“健康食堂打造”做了范本设计。

2022 年 2 月

推荐序五

广东团餐配送行业协会秘书长　陈翔

夏连悦老师的新书《健康食堂运营指南：模块、流程、细则、工具》即将出版，我由衷地表示祝贺！2020年，我为夏连悦老师的《中国团餐经营之道：团餐企业MBA案例教程》写过推荐语，今年年初再次为他的新书写推荐语，真是高效啊。

夏连悦老师在很多场合直接或间接地讲述过，2021—2030年，粤港澳会成为中国团餐业态领军企业的集结地，我们要跟上2021—2030年健康中国战略，以健康国人为主旨，打造中国团餐业态民生工程。

广东团餐是珠三角、粤港澳、大湾区地域品牌的集合，有诸多公司、企业、机构、医院、学校和航食等团餐业态品牌。有地缘上的优势，有香港团餐的样板，又有深圳华为的典范，还有广东团餐同人的努力。

正如夏连悦老师所讲，团餐概念与范畴是舶来品，我们要向发达国家团餐企业学习，学习索迪斯后勤解决方案，学习爱玛客展会经济运作，学习怡乐食外烩外卖设计；同时我们也要向自己学习，学习香港团餐的运营管理。

广东团餐配送行业协会根据团餐企业发展阶段，着力做了几件大事：一是强化团餐项目营运现场管理训练；二是为团餐企业区域连锁经营制定规则与规范；三是打透产业环节，使产业园与终端店实现互补共赢。

中国团餐企业发展需要“健康食堂运营指南”作为工作指导。我们缺乏提出问题、分析问题、解决问题的教科书、方法论、工具箱，夏连悦老师的新书是团餐企业打造健康食堂的指南，弥补了业界缺少工作指导的遗憾。

健康食堂的提出有时代背景，在吃饱已不是问题的背景下，吃出营养与健康才是未来十年的目标设计。我们既要学习欧美团餐营养配餐理念，又要学习日韩团餐健康食堂精益管理，最终打造出中国团餐的运营管理模式。

“健康食堂打造”要实现从六好食堂到智能食堂再到健康食堂的三次晋级。六好食堂已做过局部推广，智能食堂也正在路上，健康食堂是目标预期。显然，健康食堂是中国团餐业态未来十年的方向与方法设计。

夏连悦老师著作的出版，为广东团餐推广“健康食堂”做了教科书打样。广东团餐从菜系到运营，再到管理，最接近健康食堂模式设计。感谢夏连悦老师为广东团餐设计了可对标范例。

2022 年 2 月

前　言

《“健康中国2030”规划纲要》，既是方略、方针的顶层设计，又是定性、定量的目标设计，还是转化、执行实施逻辑。《“健康中国2030”规划纲要》提出了“健康食堂”“健康餐厅”的概念，这是餐饮业态的福音。

未来十年餐饮产业的热门话题是“健康”，健康既是战略规划，又是国策设计，从而催生出健康产业、康养产业、养老产业等大健康产业经济。健康工程是国家重视的民生工程，《健康食堂运营指南：模块、流程、细则、工具》一书就是在这样的背景下生成的。

分析中国团餐企业发展历程，要精准把握团餐企业四个三次晋级。

1. 传统食堂、美味餐厅、美食广场三次晋级

（1）传统食堂

传统食堂是团餐业态第一代模式。传统食堂背后有管理体制是典型的无人负责制、薪酬制度是传统的固定工资制、福利制度是享受所有福利待遇、劳保制度是享受高配“五险一金”、后勤管理以行政管理为主五大误区。

（2）美味餐厅

美味餐厅是团餐业态第二代模式。产品出品追求小锅菜与小炒，环境设计追求审美与功能呈现，服务设计改变了原有的服务态度。美味餐厅是传统食堂的升级版，但体制、制度、模式没有发生根本性改变，需要晋级。

（3）美食广场

美食广场是团餐业态第三代模式。美食广场具有用档口设计形成餐线、用产品组合定义档口、用统一饮品打透饮食、用风味组合增加选择、用小吃整合增加厚度、用统一清洁优化服务诸多运营与管理优势。

2. 食品安全、营养均衡、健康饮食三次晋级

（1）食品安全

食品安全是生存底线。操作层面包括：食品安全法的认知与研修，食品安全操作规范的导入，食品安全制度设计与运用，食品安全知识讲授与考核，清洁、卫生、安全体系运用，岗位清洁检查表设计运用。

（2）营养均衡

营养均衡是餐单设计追求。其具体内容包括：餐单设计营养均衡，适度多样定标设计，注重微量元素平衡，营养师对餐单的贡献，配餐师对配餐的设计，营养标注定量分析，用餐顾客健康档案，“三高”人群定制分析。

（3）健康饮食

健康饮食是厨房营运追求。其具体内容包括：好食材、好餐料的运用，科学烹饪理念导入，食物营养保持分析，健康餐饮合理膳食，不同人群营养配置，健康饮食习惯养成，锻炼身体保障健康，心情愉悦益于健康。

3. 深夜食堂、俺の食堂、健康食堂三次晋级

（1）居酒屋深夜食堂参照

在日本零距离体验深夜食堂得到 5 点启示：深夜食堂以居酒屋的模式呈现，深夜食堂是轻餐产品组合与集合，深夜食堂是下班后的社交场所，深夜食堂是公司职员的打卡胜地，深夜食堂是城市酒吧、酒屋、酒馆。

（2）农场俺の食堂参照

在日本零距离体验俺の食堂得到 5 点启示：俺の食堂诉求自己种植健康食蔬，俺の食堂诉求自己养殖鸡的种群，俺の食堂菜肴组合比居酒屋丰盛，在俺の食堂能直接导出绿色农场，俺の食堂直接体验家庭简餐服务。

（3）健康食堂社餐参照

在日本零距离体验健康食堂得到 5 点启示：排队进门要完成健康查询，净米饭、杂粮饭自己打餐，大荤、半荤、素菜要搭配选用，八分饱是健康轻

食的主旨，营养标注是健康食堂的特色，食堂与堂食是业态打透的钥匙。

4. 六好食堂、智能食堂、健康食堂三次晋级

（1）团餐六好食堂规范

团餐六好食堂规范包括经营场所评价分析、产品组合评价分析、服务设计评价分析、管理体系评价分析、客服作业评价分析、食品安全评价分析 6 个维度，每个维度包含 4 个要点。（课件已在公开课程讲授。）

（2）团餐智能食堂晋级

团餐智能食堂晋级包括经营场所智能分析、产品组合智能分析、服务体系智能设计、管理体系智能分析、客服环节智能分析、食品安全智能管理 6 个维度，每个维度包含 4 个要点。（课件已在公开课程讲授。）

（3）团餐健康食堂指导

团餐健康食堂指导包括经营场所健康分析、产品组合健康分析、服务体系健康设计、管理体系健康分析、客服环节健康分析、食品安全健康管理 6 个维度，每个维度包含 4 个要点。（本案做过健康食堂咨询指导。）

本书出版，旨在解决团餐业态模式创新升级问题。关于模式创新，作者曾拟订中国好食堂规范、提案智能食堂操作规范，拟出版《健康食堂运营指南》，旨在为团餐企业模式创新提供参照。

夏连悦

2022 年 3 月

目 录

第一部分 健康食堂运营指南

健康食堂生态体系是在国家《“健康中国2030”规划纲要》思想指导下，秉承健康、生态、营养的饮食理念，为团餐企业量身打造的创新经营体系。健康食堂生态体系是产销、配销、销售三大生态链条的集合。

21世纪的今天，在国人吃饱已不是问题的前提下，如何吃好、吃出健康、喝出精彩，是天大的问题。我们迫切需要以绿色为核心，把有机、环保、生态理念整合起来，把产销、配销、销售环节打透的生态体系。

团餐企业发展要经历单店经营、连锁经营、产业经营、资本经营4个阶段，不同阶段要有适配的组织，发展过程要完成简单组织、扩大组织、理想组织配置与升级，这也是健康组织无法回避的话题。

健康组织重构要解决总部组织、部门架构、门店设计、组织运行4

个命题，完成从上到下设计、从下到上实现的闭环逻辑。健康组织横向分工产生宽度，纵向分工产生深度，健康组织重构要完成转型升级。

服务是重要因素、环境是关键因素、产品是决定因素，讲述了环境打造的价值。业种，卖什么？店态，怎样的环境？业态，怎么卖？诠释了社交场景打造是健康食堂载体逻辑。本章解决健康食堂环境设计工程交底。

健康食堂环境设计主旨：从营建专业视角，对食堂服务、厨务、行政区域营建与设计公司做工程交底，由设计公司完成效果设计、平面布局、图纸出具，并编制施工图表、拟订监理方案，作为工程验收依据。

卖什么？业种。怎样的环境？店态。怎么卖？业态。当我们理解了业种是产品组合、店态是环境设计、业态是怎样售卖的关系时，就理解了产品的首要、关键、重要位置。综合感受与性价比要用产品来说话。

品类品种是产品设计的宽度与深度，味型工艺是产品设计的灵魂与秘籍，餐单设计是产品设计的标注与承载。健康食堂餐单是自助餐单、小吃餐单、包房餐单、饮品饮单的集合，用创新实现日常与节令转化设计。

健康食堂服务设计是商业模式三大要素的关键内容。因为环境是重要因素、服务是关键因素、产品是决定因素，伴随着团餐模式从食堂到餐厅再到广场的三次升级，食堂服务也要打造精简、高效、体验逻辑。

传统食堂服务低效，智能食堂效率晋级，健康食堂体验升级。服务环境、服务设计、服务体验是匹配设计、运营设计、体验设计的集合。健康食堂目标设计倒推服务环境、服务流程、服务体验持续优化升级。

环境设计是资金变资产、概念变现实、抽象变具象的实现过程。环境设计要与运营管理、资产管理、维护保养匹配，才是健康食堂体系化营建。这是软体打造，要通过基础文件生成纸面实力。

餐饮企业基础文件，即规则、规范、规定发文，大多出自营运、人力、财务、办公部门。本章以项目运营为主线，整合组织架构、制度体系、流程细则、表格单据、智力赋能，生成工作指南与操作依据。

健康食堂管理体系，旨在解决基础管理要学什么、专业管理值班设计、发展管理晋升路线三大问题。成型的餐饮企业要把营运手册、管理手册、训练手册合而为一，最终通过值班管理的形式呈现并解决问题。

健康食堂管理体系，既是训练体系，又是晋升体系，还是薪酬体系。从服务生到领班，要学基础管理；从领班到经理，要学专业管理；从经理到店长，要学发展管理。这也是本土企业与国际公司的差距。

安全是健康食堂入门级应做足的功课，营养是健康食堂中级修炼应打造的功夫，健康是健康食堂高级晋级应追求的设计。安全、营养、健康是三个节点、三个里程、三次晋级，是时间表、路线图、里程碑设计。

清洁、卫生、安全是餐饮企业常态运营的抓手。清洁包括每日清洁、定期清洁、随时清洁三个方面，卫生包括个人卫生、环境卫生、食品卫生三个维度，安全包括服务体系、厨务体系、行政体系三大体系。

健康食堂智力赋能有三层含义：一是门店（食堂）服务、厨务、行政三大体系智力赋能，二是配销、分销、配送三个层级智力赋能，三是门店（食堂）与配销、分销之间交流互动适配。这是动态运行的前提。

关于商业模式，看到的是门店（食堂）运营，比拼的是背后体系。物流体系是门店（食堂）运营的支持体系。今天，没有物流体系加持，只拼销售终端业绩，获利能力会很低。显然，要用智慧导入解决问题。

团餐企业连锁经营要完成从品类起家、区域连锁、跨区经营、大中国区四级跨越。每次跨越都要把握“从上向下设计、从下向上实现”这条主线，每次转型都要把握递延转型、倒推转型、叠加作业的商业实践。

团餐企业连锁经营是总部连锁、部门支持、门店复制的商业逻辑。笔者在《连锁帝国总部设计：餐饮产业主流模式》中，对连锁经营12字方针做了思维、方法、工具层面的注释，本章讲解区域连锁督导体系。

第二部分 《“健康中国 2030”规划纲要》与阅读日记

第三部分 16 个健康餐饮案例

新华航食是一家有顶流资质的航空食品生产企业，是一家超大规模、超强产能营养餐食配餐企业，是一家讲食品安全与膳食均衡的餐饮企业，是一家以航食为主、跨界经营、为顾客提供餐食解决方案的企业。

上海麦金地集团股份有限公司是中国团餐领域的头部企业。麦金地北京公司作为麦金地集团大中国区布局的样板，为业界提供了健康食堂的理念、实务、作业和教科书式案例，正因如此，也收获了不俗的业绩。

北京振达餐饮集团于1997年步入团餐行业，注册资金5000万元，是覆盖农业种植、原料供应、食品加工、物流配送、餐厅设计改造、厨房设备销售、健康膳食规划、劳务派遣、酒店管理、物业管理、餐饮服务的综合性餐饮企业集团。北京振达餐饮集团致力于打造首都第一品牌。

四川顺心是顶流的地域品牌，在四川定义了川派团餐（川匠、川味、川情、川景）的外延与内涵。四川顺心以健康饮食为主线，既满足了顾客嗜辣的快感与体验，又从6个维度导入了川派团餐的健康饮食理念。

美食林案例通过美食林的发展历程、集权配送、食安管控、管理模式、文化经营、亮点分析六个方面，讲述了二线为王、两代执掌、双核驱动、两个利润案例布局设计。

“互联网 + 健康餐饮”——超能鹿战队！健康饮食赛道设计、商业

第一部分

健康食堂运营指南

一　健康食堂生态体系
——生态链条重构

健康食堂生态体系是在国家《“健康中国2030”规划纲要》思想指导下，秉承健康、生态、营养的饮食理念，为团餐企业量身打造的创新经营体系。健康食堂生态体系是产销、配销、销售三大生态链条的集合。

21世纪的今天，在国人吃饱已不是问题的前提下，如何吃好、吃出健康、喝出精彩，是天大的问题。我们迫切需要以绿色为核心，把有机、环保、生态理念整合起来，把产销、配销、销售环节打透的生态体系。

（一）产销环节健康入口

本节专题“产销环节健康入口”，包括生态健康理念植入、生态环境经济诉求、生态健康规则遵守三项内容精要以及关键词分析。

1. 生态健康理念植入

关键词：生态健康理论背书、生态产业战略设计、生态产业重构逻辑。

（1）生态健康理论背书

①自然哲学生态理念。生态观是人类关于生态系统运动规律的认识与观点，是在人类与自然交互作用基础上形成的哲学世界观的概括，用以指导人类认识自然并改造自然。哲学、科学、实践是思维、方法、工具的总结。

②应用科学生态规范。生态观既要求人类可持续发展，又是可持续发展观的思想基础；是在对全球自然、资源、能源，人口、环境、经济，社会、智能、康养要素进行定性与定量分析的基础上形成的价值观体系。

③健康产业生态实践。以哲学的视角、科学的态度、实践的反馈，探索健康产业原始与生态的本质属性，打造从田间地头到大众饭桌全程康养事业，构建并践行生态理念，旨在参与并助推健康型社会持续发展。

（2）生态产业战略设计

①生态产业战略布局。《“健康中国2030”规划纲要》从国家层面勾勒出未来十年的健康事业，这是国家级的纲要、设计。餐饮产业、餐饮企业需要据此制定相应的生态产业战略，积极投身于构建健康社会的实践中。

②生态产业策略设计。在“大健康”战略的指导下，餐饮企业要围绕生态链、供应链、价值链一体化，设计自身发展策略，并将策略设计融入自身发展的每个阶段与实践过程，扮演好生态产业公民角色。

③生态产业实施步骤。实施生态产业策略，是餐饮企业持续晋级的通

路，是餐饮企业永葆基业长青的背书。战略、策略、步骤设计，生态理念贯穿其中，生态范畴蕴含其中，生态行为践行其中，生态是唯一的通路。

（3）生态产业重构逻辑

①销售终端订单经济。在销售终端，通过订单倒推产销定量，生成批量的、规模的生产订单，以指导集群化、规模化的生产活动，这既是对订单经济的最佳诠释，又是餐饮生态产业重构应遵循的内在经济规律。

②配销环节转化设计。餐饮产业配销环节，即供应链区域，向前对接产销环节，接受产业源头的价值，向后链接销售环节，增加销售终端的价值。客观地讲，配销环节是价值实现、价值转化与价值增值过程。

③产销环节资质体系。产业源头生态资质，以有机、绿色、环保的资质文件为背书，这是政府层面的法规界定、行业层面的规范认可、企业层面的文件认定。生态资质体系使中游配销、下游销售可追溯。

2. 生态环境经济诉求

关键词：产业源头生态打造、种养环节生态塑造、把握生态健康指标。

（1）产业源头生态打造

①打造生态种植基地。种植基地是产业源头的基础平台内容，粮食、蔬菜、菌菇、水果等以种植为主的食材都源于基地。有机、绿色、环保是生态型种植基地的标配，直接决定了中游、下游种植食材的生态属性。

②打造生态养殖基地。畜类、禽类、水产是养殖基地的食材主项，种群优选培育、种群优化散养、健康饲料喂食都与生态养殖息息相关。当然，适宜的气候、阳光、水文、空气、土壤和健康的饲料是生态食材的保障。

③打造生态加工基地。对食材的处理，即加工。生态加工涉及资质、圈养、屠宰、分割、去污、去杂、保鲜和冷冻等环节，这是诉求人性、体现关怀、表现人文的背书。生态加工思维、方法、逻辑由此生成。

（2）种养环节生态塑造

①生态健康土地状态。阳光、水文、气候等是土壤的基因，整合构成了

土地环境。健康的土地环境是生态种养的首要诉求，追求原生态的土壤、打造生态型的土地、重构生态型的基因，是生态环境的诉求。

②生态健康种养环境。优秀的种子与优良的种群是塑造健康种植、健康养殖环境的保证，不健康的植物种子与动物种群不可能收获健康的结果。因此，必须把握植物种子、动物种群的生态基因与健康元素。

③生态健康生长环境。优秀种子与优良种群要有健康环境为其生长做保障，健康生长环境是适宜温度、干净空气、营养因素的集成，温控湿控、营养液、有机肥、无土栽培、健康饲料与科技导入已成为未来的发展趋势。

（3）把握生态健康指标

①有机标准指标设计。简单来说，就是在动植物生产过程中，不使用化学合成农药、化肥、生长调节剂、饲料添加剂物质，以及基因工程的生物及派生物，遵循自然规律与生态学原理，恪守种植、养殖相关指标。

②绿色产品指标分析。绿色产品指标是指生产过程及节能、低污染、可再生、可回收的一类产品标准，它是绿色科技应用的最终体现。绿色产品促使人们消费观念与生产方式发生转变，助推实现环境保护的具体目标。

③环保标准指标数据。环保标准包括环境质量标准、污染物排放标准、环境监测方法标准、国家环境标准样品标准、环境基础标准等内容。了解有机、绿色、环保指标内容，旨在把握食材与产品的健康特性。

3. 生态健康规则遵守

关键词：生态康养环境打造、生态交通环境治理、生态环境指标追溯。

（1）生态康养环境打造

①立法整治环境破坏。国家通过立法，从法律层面规范了政府管理、企业作为、个人行为，将环境保护纳入地区可持续发展考评的重要标准，坚决杜绝水污染、沙漠化、乱排污等破坏环境的行为。

②政策扶持生态重构。政府出台各项政策，扶持环境保护、环境治理的

行业作为与企业行为，通过政策引导、资金支持，鼓励企业积极参与环境保护、生态重构的行为，构建“人人环保”的社会氛围与秩序。

③优化环境持续治理。在法律、制度层面出台环保政策的同时，政府强化了督导管理功能，持续治理、优化环境、保持环境已成为常态行为。谁参与、谁达标，谁能获利，这是从企业人转变为社会人的关键。

（2）生态交通环境治理

①构建绿色运输环境。绿色交通运输环境是生态环境的重要内容，限制燃油、电动车、渣土遮盖、车型淘汰等都是针对交通环境出台的环保措施。构建绿色交通环境应成为社会、企业、个人的认知并付诸行动。

②强化环保运输指标。冷链、热链、常温是餐饮常用的三种运输形态，在全社会构建绿色运输环境的背景下，餐饮运输特别要强化冷链低温、热链保温、常温保鲜指标设计，以满足生态交通之需。

③坚守合规运输准则。陆运、空运、水运都有各自的规则，这些都是在构建绿色交通环境基础上的作为，坚守规则、合法合规是物流企业构建绿色交通环境的日常实践需要，考验着物流企业的良心、品行、作为。

（3）生态环境指标追溯

①产销环节生态追溯。产销环节是餐饮链条生态环境与食品安全的门户，餐饮链条上游产业源头不生态，导致中游配销、下游销售不生态。产销环节追溯涉及土地、种子、周期、肥料和环境等内容。

②配销环节生态追溯。餐饮链条中游配销环节由采购、仓储、加工、配送和信息五大功能组成，向上对接产销环节，向下对接销售环节，起着承上启下的作用。配销环节追溯涉及厂商、价格、库存、越库和责任信息。

③销售环节生态追溯。餐饮链条下游销售环节由厨务、服务、行政三大功能组成，接受中游配销环节物流支持，承担价值实现的功能。销售环节追溯包括加工者、烹饪者、库存方、产品名、销售者、销售价格。

（二）配销环节健康转化

本节专题“配销环节健康转化”，包括采配一体生态设计、仓配一体生态设计、加配一体生态设计内容精要以及关键词分析。

1. 采配一体生态设计

关键词：采购对接产业源头、配送对接采购环节、采配一体健康诉求。

（1）采购对接产业源头

①产业源头生态标准。采购环节对接产业源头，这是产销链接配销的端口，要以绿色、有机、环保等生态指标为采购标准，即食材绿色指标与物料环保指标。这就要求采购环节熟悉并把握自身需求的生态指标。

②产业源头生态环评。这是对产业源头种植、养殖、加工环节进行的环境评价，包括土壤状况、种子基因、种群基因、生长环境、肥料属性、饲料性质、水质状态、成长周期、收割形式和屠宰形式等诸多内容。

③产业源头生态订单。通过采购订单，倒推产业源头的种植产量、养殖数量、加工总量，形成批量化、集团化、季节性、战略性、计划性的采购订单设计，这是采购对接产业源头、攫取采购红利的诉求与举措。

（2）配送对接采购环节

①确保生态标准延续。配送环节无缝对接采购环节，旨在使产业源头已经生成并固化的生态标准可以无损耗地延续到配销区域。配送全流程生态型固化，能保障整个延续过程的生态规则执行与生态标准落地。

②确保生态规则执行。采购环节对接配送环节，是在保障采购环节生态规则、生态标准基础上的生态再实践。特别是采购环节的生态规则与行动设计，如食材生态要求、配送过程控制，要无遗漏地在配送环节实现。

③确保生态科技支持。采购环节对接配送环节，需要科技导入、科技支持，这是生态科技的植入，即生态科技植入整个供应链，是对生态供应链的

加持、固化、优化，旨在确保生态标准与生态规则的全链条落地。

（3）采配一体健康诉求

①采配一体生态链接。采配一体实现以生态诉求为原点，以无缝对接为要求，以生态标准为对照，以生态规则为定义，如此才能保证采配一体的生态与健康属性。生态型采配一体为供应链条健康转化做样板。

②采配一体关键突破。诚然，采配一体要想实现健康生态，必须突破诸多关键环节，如生鲜食材配送、生态数据获取、生态指标保持、冷链配送规则以及热链配送控制。生态型采配一体是持续创新转化的结果。

③采配一体关键数据。生态型采配一体需要诸多生态指标的支持，如配送环境指标、配送载体数据、配送方式指标、配送结果数据以及关键数据把控，唯有保持生态指标的一致性，才能构建生态型的采配一体。

2. 仓配一体生态设计

关键词：仓储环节健康设计、配送对接仓储环节、仓配一体健康诉求。

（1）仓储环节健康设计

①仓储条件生态要求。生态型仓储是仓配一体的保证，包括生态型的保管环境、生态型的操作规范、生态型的储存条件、生态型的存储周期等。仓储条件是否健康生态，决定了下游环节能否实现健康生态的转化。

②食材存储健康要求。如果缺失健康的储存条件，健康食材也会变得不健康。所谓健康的存储条件，涉及仓库占地状况、仓库建筑状况、仓库周边环境、仓库现有能源和仓库设备设施等众多内容与基础条件。

③退货换货规则设计。仓储环节是保证仓配一体健康持续的重要一环，退货、换货是运营的组成部分。显然，退货与换货过程能否保证健康属性及生态规则的实现，直接决定了仓储环节生态构成与健康转化。

（2）配送对接仓储环节

①配送过程实时监控。这是保障配送过程全程生态的必要条件，实时监控是视频监控、语音监控、定位监控、时间监控、接收监控及路线监控的集合，是对配送过程全程有效把控的必备作业，需导入智能设计。

②验货过程交易规则。验货既是仓储的重要功能，又是考验进货是否健康与生态的关键。现实物流运行过程中，非生态食材冒充生态食材混进餐饮企业已成为现实。验货交易规则设计旨在利用验货规则驱逐非生态食材劣币。

③入库管理执行规范。生态食材、健康物品验收完毕后入库存放，仓储管理进入关键环节，目的是保证生态食材在库期间能够保持自身生态属性，这就需要有一套完整的管理规范并严格执行到位，且可评价、可追溯。

（3）仓配一体健康诉求

①仓储配送生态链接。从健康诉求的角度来讲，仓配一体的关键是保持生态的延续性，即仓储出库的生态食材能够链接配送环节并保持配送全程的健康诉求。也就是说，配送到客户的食材物品同样保持生态性。

②仓储配送关键领域。仓配一体是仓储与配送的无缝对接运行，旨在实现生态食材与健康物品从仓储到配送的保持、延展、延续。其中，合理运用周转仓、设计追求零库存、灵活把握货架期等成为关键节点。

③仓储配送智能管理。塑造生态型的仓配一体，需要智慧导入、智力赋能、智能管理，换算法、物联网、大数据、流量控制和移动定位等为仓配一体持续赋能，在诉求生态与健康的基础上，助力仓储与配送体系。

3. 加配一体生态设计

关键词：加工环节生态设计、配送对接加工环节、加配一体健康主张。

（1）加工环节生态设计

①加工环境生态要求。加工环境是指连锁经营餐饮企业的中央工厂、中央厨房、终端厨房的生产加工环境与条件，包括场地建筑环境、加工区域环境、生产流程条件、设备设施状况和能源环境条件等多项内容。

②加工技术科技要求。生态型的加工环境一定有科技的加持，诸如加工环境监测、废弃物的排放、加工出品溯源、设备设施科技和大数据的统计。技术要求、科技助力、健康为本，才能打造加工环节的生态环境。

③加工环节资质管理。资质条件是加工环节的首要元素，资质设计、资质达成、资质认证、资质管理是加工环节的生存命题。资质条件、质量管

理、品质追溯、安全溯源、资质管理要为生态型的加工环节把关。

（2）配送对接加工环节

①配送环节合规操作。加配一体的关键是加工环节与配送环节的有效对接，其中重要节点是配送环节必须按照专业的操作规范，即按生态型配送的作业规范与标准，进行有训练、可监督、可评价、可追溯的操作。

②交易环节合乎规范。加工环节与配送环节的对接运作，必须保证整个交易过程规范、有序，并接受监督，可以追溯，这是保障生态型加配一体能够延续的前提。交易过程的规范性决定了整个作业的利益。

③加工环节工艺文件。为了保证加工作业的标准规范，为了保证加工产品的达标比率与持续出品，需要导入工艺文件设计、执行工艺文件训练、运用工艺文件作业、对照工艺文件检查、按照工艺文件评价等。

（3）加配一体健康主张

①加工配送无缝链接。加配一体的生态诉求，需要加工环节与配送环节实现无缝链接，包括产量链接、运量链接、库存链接、用货链接、交易链接和信息链接等诸多内容，确保加配一体能够规范运行、务实落地。

②加工配送做好功课。加配一体要实现有效诉求健康主张，需要加工环节、配送环节做好各自的作业，即按照生态型加配一体的内涵本质要求，设计、实施、评价加工环节与配送环节的作业规范及业绩效果。

③加工配送智能软件。加配一体的健康诉求需要智能技术支持，大数据、物联网、移动监控、卫星定位和即时监控等提升了智能软件加配一体的运行效率，契合了加配一体生态主张，提高了加配一体实现效益。

（三）销售终端健康出口

本节专题“销售终端健康出口”，包括销售终端健康环境、销售终端健康产品、销售终端智力赋能内容精要以及关键词分析。

1. 销售终端健康环境

关键词：健康环境生态诉求、健康环境生态体系、健康环境评价体系。

（1）健康环境生态诉求

①生态环境空间设计。环境空间是销售终端的元素，从建筑格局分布到建筑装修设计，从外部空间设计到内部区域布局，从天花、墙身到门窗、柱身设计，从环境装饰设计到音像灯光设计都要围绕生态主题展开。

②生态环境建材选择。打造生态型的销售终端，离不开生态型的建筑材料。环保型的地材、墙材、墙饰、管材、漆料、照明等是对建材“健康、环保、安全”品质的背书，要注重建材对人体健康与环境的保护。

③生态环境指标设计。环境指标是为评价环境质量而针对环境要素设定的衡量标准。销售终端环境指标涉及空气质量、水环境质量、声环境质量、光环境质量以及排污处理等诸多内容，应当有严格的设计要求。

（2）健康环境生态体系

①生态环境营建指标。生态环境营建指标有硬性指标、软性指标两大类。硬性指标，是看得见的指标，如门头、天花、墙身、地面、家私隔栏等。软性指标，是看不见的指标，如空气、音乐、温度、湿度等。

②生态环境营运指标。室内温度指标、室内湿度指标、光度环境指标、抗静电指标、建筑防火指标、建筑消磁指标等是销售终端在营运状态下，生态环境要打造的指标，是生态环境体系中的重要内容。

③生态环境管理指标。生态环境管理指标是对销售终端环境进行管理的指标体系，如能源使用指标、能源排放指标、设备完好指标、食材利用指标和室内空气指标。生态环境管理指标旨在监督与控制销售终端的环境状况。

（3）健康环境评价体系

①营建环境数据评价。在销售终端营建环境健康运行的基础上，对营建环境展开数据化的评价，即对营建设计数据与现实数据进行评价，这是对营建环境持续监控的管理作为。这需要构建智力赋能的评价体系。

②营运环境数据评价。销售终端营建环节设计是为营运服务的，是为

营运环境赋能的，因此营建环境数据评价应延展到营运环境数据评价，以效验、评估、评价营运环境能否达到设计要求，并为营运提供支持。

③作业环境生态评价。销售终端作业环境是指服务营运与厨务营运期间对营运环境的管控。健康营建环境与营运环境，如果得不到作业层面操作的维护，也会变得不健康。为此，需导入作业指标数据评价管理。

2. 销售终端健康产品

关键词：健康产品加工增值、健康产品制作控制、健康产品留样设计。

（1）健康产品加工增值

①健康食材验收规则。健康食材配送到销售终端，需要经过严格的验收流程，按照相应的验收规则，即验收团队集体验收、有机食材资质验证、食材品质检验验收，通过验收，确保进货符合健康食材的生态品质要求。

②健康食材预制加工。这是从食材变为产品的过程。为了保证健康食材的品质，必须运用健康型的食材加工方法，在粗加工、精加工过程中用科技赋能，导入健康型设备设施，保持食材在加工过程中的生态品质。

③健康食材分子料理。这是对食材健康属性加工的理解。食材加工过程需要运用设备设施，需要保证水质安全，需要关注加工批量，等等。分子料理是对生态食材进行健康加工运用的加工技术、方法、工具的导入。

（2）健康产品制作控制

①严格执行工艺文件。产品制作过程是严格执行产品工艺文件设计的过程，工艺文件是对产品制作技术、流程、节点、细则的标准要求。唯有不走样地执行工艺文件，才能确保出品达到要求，并符合健康产品标准。

②制作过程技术规范。这是对产品制作过程技术性的要求，是保证健康出品的操作技术，如出品熟透技术、产品焯水技术、产品油温技术，严格执行技术指标规范，旨在保障出品的生态属性，实现健康产品诉求。

③产品熟化指标控制。健康产品熟化过程是标准指标的控制过程，如油脂指标、盐度指标、糖度指标，在产品整个熟化过程中要严格控制具体投量，根据食材的内在属性，规定投量、顺序、火力，按标准要求烹制料理。

（3）健康产品留样设计

①出品留样合乎规范。这是食品安全规范要求，包括留样时间、留样数量、留样保存、保存期限、保存设备、留样信息、留样台账等诸多内容。应设计留样制度、规范、条例，运用专业设备设施，由专人负责。

②出品时间严格控制。每样食材与每道产品都有约定的制作时间要求，未达时间或超过时间，都会影响产品的品质；而出品一定时间后若没有出售应做相应处理。运用操作工作规范，以确保出品安全与健康。

③出品品质追溯体系。这是食品安全的必要保障。追溯体系是对出品品质进行信息溯源，如产地信息、生长数据、采购信息、存储信息、加工信息和烹饪技术，还涉及盛器、传输、覆盖、展放和留样等内容。

3. 销售终端智力赋能

关键词：销售终端设备设施、销售终端软件设计、销售终端智力赋能。

（1）销售终端设备设施

①空间动线单元生态。作业空间、人流动线、物流动线不但直接影响着工作效率，而且影响工作单元拥有的功能与产能。设备设施的配比、布局、分布、岛屿、摆放都在影响着销售终端空间、动线、单元设计。

②设备体系智能科技。销售终端设备的智能水平，决定了生产能力与销售水平。在以健康为主、生态为本的主旨下，设备体系的构建是围绕智力、智慧、智能作为的，科技导入与科技赋能通过智能设备体现。

③设施布局数据追溯。在科技赋能与智力赋能的助力下，销售终端设施布局更为理性、更加健康，这背后的数据支持，既是营建数据、营运数据、统计分析的加持，又是数据追溯、数据存储、数据利用的呈现。

（2）销售终端软件设计

①软件链接健康档案。销售终端通过智能软件设计，将管理工具、作业工具链接顾客档案，能直接并及时掌握顾客健康状况、完善顾客信息资料、管理顾客健康档案，并有针对性地实施用餐指导营养教育。

②软件提供数据分析。销售终端通过智能软件，对营建数据、营运数

据、管理数据进行收集、整理、汇总、分析，为项目营运提供支持。当然，智能软件设计、选用、管控应与餐饮企业的实际需要相匹配。

③软件支持追溯体系。销售终端软件设计中一项重要功能，是要建立一套完善的食品安全追溯体系，即运用智能软件，将销售终端的质量问题溯源至配销环节与产销环节，并落实到具体的作业细节与责任人。

（3）销售终端智力赋能

①交易环节智力赋能。交易模式是销售终端重要内容，智力赋能使交易环节更具人性化，如人脸识别系统；更富于便捷性，如远程兑付系统；更具安全性，如“人脸 + 指纹 + 密码”。智力赋能助力项目运营。

②称重环节智力赋能。称重作业是销售终端的必备作业，智力赋能提升了称重作业的准确度与精度，规避人工作业失误；智力赋能提高了称重工作效率，杜绝人为因素的影响；智力赋能为项目商业模式运行加持。

③营养标注智力赋能。营养标注是健康食堂的关键作业，智力赋能使营养标注由纯凭经验、数据模糊的传统方式，创新演变为简单操作、数据输入、比例精准、信息存储且直观可溯的软件系统，这是智能革命。

二　健康组织指标设计
——健康组织重构

团餐企业发展要经历单店经营、连锁经营、产业经营、资本经营 4 个阶段，不同阶段要有适配的组织，发展过程要完成简单组织、扩大组织、理想组织配置与升级，这也是健康组织无法回避的话题。

健康组织重构要解决总部组织、部门架构、门店设计、组织运行 4 个命题，完成从上到下设计、从下到上实现的闭环逻辑。健康组织横向分工产生宽度，纵向分工产生深度，健康组织重构要完成转型升级。

（一）健康组织诊断指标

本节专题“健康组织诊断指标”，包括总部组织健康生态、部门体系健康链条、项目终端健康逻辑内容精要以及关键词分析。

1. 总部组织健康生态

关键词：简单总部健康诊断、扩大总部健康诊断、理想总部健康诊断。

（1）简单总部健康诊断

①简单总部组织架构。要解决极简组织、六部一室、功能设计，营建、营运、研发、物流、人力、财务六个部门与办公室的基础文件设计，并完成组织运行、职位岗位、工作设计、制度设计规则规范表述。

②简单总部组织制度。要解决基本制度、工作制度、责任制度，内容设计、执行设计、反馈设计，即部室运行要执行的基础文件设计。在此基础上，由专门部门与专业人员做文创、编辑、优化、推广和落地。

③简单总部运行工具。要解决部门工作规范设计、部门总监工作指导两个纲领性文件，计划管理、转化执行、评价管理闭环设计。在此基础上，完成设计部门运行使用的手册工具、制度工具、表单工具体系设计。

（2）扩大总部健康诊断

①扩大总部组织架构。要解决扩大组织、九部一室、功能设计，营建、营运、研发，采购、仓储、加工，人力、财务、网管九个部门与办公室的基础文件设计。完成组织架构、工作设计、制度约束规则规范表述。

②扩大总部组织制度。要解决基本制度、工作制度、责任制度优化，内容设计、执行设计、反馈设计升级，即部室运行基础文件设计。在此基础上，由专门部门与专业人员做文创、编辑、修正、优化、推广和落地。

③扩大总部运行工具。要解决部门工作规范设计、部门总监工作指导两

个纲领文件，以及部门总监、单元经理、专员岗位职务说明。在此基础上，设计工作流程、工作节点、工作细则、工作指导，实现精益管理。

（3）理想总部健康诊断

①理想总部组织架构。要解决理想组织、十二部室、功能设计，拟订营建、营运、研发、训练，采购、仓储、加工、配送，人力、财务、网管、工程十二个部门与办公室的基础文件。完成组织架构图示设计。

②理想总部组织制度。要解决体制、制度、机制基础文件设计，股份制度、合伙制度、计件制度应用文件设计，在此基础上，设计规则、规范、规定，方针、手册、指南，表格、单据、数据等制度性文件。

③理想总部运行工具。要解决部门工作规范设计、部门总监工作指导两个纲领性文件，以及内部管理、外部管理、平级管理、下级管理规范，还有总部指导、部门支持、门店复制规则，以告别模糊、走向精确。

2. 部门体系健康链条

关键词：业务体系直线职能、物流体系矩阵设计、行政体系事业部制。

（1）业务体系直线职能

①直线职能内容分析。要解决直线制导入、职能制导入、直线职能制整合组织架构设计。直线制是军队采用的组织架构，旨在实现层级极简、效率升级；职能制是组织体系的参谋制，即为决策提供参谋支持。

②业务体系效率设计。要解决营建、营运、研发、营销、训练五大部门构成的业务体系，实现承担责任、创造业绩、兑现盈利的预期。显然，业务体系采取直线职能制闭环管理，是理想的组织架构模式选择。

③业务体系创造业绩。要解决盘活存量、扩大增量、创造业绩的责任问题。业务体系营建、营运、研发、营销、训练五大部门，纵向是隶属关系，横向是协作关系。当然，也包括对上、对下、对内、对外通路设计。

（2）物流体系矩阵设计

①矩阵制的内容分析。要解决纵向的垂直管理系统与横向的水平管理系统整合问题。从操作层面来讲，成员要接受两方面的领导，即行政方面接受

部门总监的垂直领导，专业方面要接受单元经理业务领导的双制管理。

②物流体系支持设计。要解决物流体系、门店体系、双制对接链接设计，即通过申购采购、周转央仓、加工用货、配送验货双制对接，实现物流体系与门店用货之间的无缝连接，使合理库存与经济库存落地。

③配销分销创造业绩。要解决成本中心、费用中心、利润中心晋级问题。当然，要解决配销分销自己做、合作做、定制做前提设计，以及项目配送、代工设计、餐饮零售通路布局，才能实现向利润中心过渡预期。

（3）行政体系事业部制

①事业部制内容分析。要解决在行政体系领导下设立事业部，把分权管理与独立核算相结合，形成事业部制。把行政体系公益支持变为有偿服务，无论是业务体系，还是物流体系，或是终端门店都要有偿使用。

②行政体系支持设计。要解决行政体系、门店体系、双制对接链接设计，即通过文员与人资、收银与财务、网管员与网管、万能工与工程、文员与办公双制对接，实现行政体系与门店之间作业的无缝连接设计。

③成本中心利润中心。要解决从传统体制的成本中心设计向现代体制的利润中心过渡。这也是行政体系事业部制设计的目的。行政体系运行不只是要优化、精简，还要用制度设计驱动向利润中心转化晋级。

3. 项目终端健康逻辑

关键词：服务组织极简设计、厨务组织优化设计、行政组织对接设计。

（1）服务组织极简设计

①服务组织架构设计。要解决直线制、三层级、高效率的组织架构设计。直线制强调纵向隶属关系，三层级是指经理级、领班级、员工级，高效率通过人效、劳效、坪效指标实现。这是服务组织精简设计的要义。

②服务组织单元设计。要解决客服、服务、水吧、传菜、收银五个工作单元设计。工作单元横向之间是协作关系，这也是团队建立、团队协作、团队效率生成的关键。服务组织要实现朝共同目标努力的预期。

③服务组织作业设计。要解决工作设计、工作流程、工作指导三个问

题。工作设计是经理人的管理修炼，工作流程是岗位作业流程设计，工作指导是值班管理的落地。作业设计通过作业指导书生成作业手册。

（2）厨务组织优化设计

①厨务组织架构设计。要解决直线制生产组织、人机配合、持续出品、稳定出品问题。人机配合是机械代替部分手工的增效预期，持续出品是用机械与电气提高产能设计，稳定出品是确保食品安全的产能设计。

②厨务组织单元设计。要解决工作单元、岗位设计、人员配置，分工设计、协作设计、链式作业六大问题。工作单元不但要对链式运作做出贡献，而且要对冷菜出品、热菜出品、面点出品、饭市周转承担责任。

③厨务组织作业设计。要解决工作设计、岗位设计、作业设计，训练指导、工作跟进、工作评价六大问题。作业设计要解决岗位饭市前、饭市中、饭市后，做什么、如何做、怎样评价的问题，并生成作业指导书。

（3）行政组织对接设计

①行政组织架构设计。要解决事业部制、自负盈亏、支持体系，内部承包、内部担责、跨界兼职六大问题。事业部制设计目的是解决行政体系成本中心问题。用极简、高效、对接的组织模式实现效率升级。

②行政组织单元设计。要解决工作单元、工作岗位、工作设计，岗位专职、岗位兼职、岗位外派六大问题。事业部制要解决专职与兼职关系问题，配合区域连锁经营，在人力、财务、网管、工程岗位导入兼职设计。

③行政组织作业设计。要解决职务说明、工作流程、工作指导、时间管理、业务管理、行政管理六大问题。项目行政在食堂经理指导下完成项目的文员、仓管、网管、工程、财务五大行政与总部行政的对接。

（二）健康制度比较分析

本节专题“健康制度比较分析”，包括体制层面健康设计、制度层面健康设计、机制层面解决问题内容精要以及关键词分析。

1. 体制层面健康设计

关键词：股份制的体制设计、合伙制的实现设计、接班人的梯队设计。

（1）股份制的体制设计

①股权配置体制设计。要解决股份制公司、有限责任公司、独资公司，全额注册、差额注册、配股设计六大问题。股份制是企业做强、做大、做久的先进体制，世界 500 强企业、中国 100 强企业都采用股份制体制设计。

②公司治理体制设计。要解决海洋法系、大陆法系、组合法系，股东会会议、董事会会议、监事会会议六大问题。无论是否上市，都要按照公司法系拟订公司章程，并解决董事会秘书职位、总裁聘请、常态运营管理问题。

③现代企业制度设计。要解决市场经济、法人制度、公司制度，产权清晰、政企分开、管理科学六大问题。无论是董事局主席，还是大股东兼职，或是总经理外聘，都要解决决策程序、业绩评价、年终述职问题。

（2）合伙制的实现设计

①高层期权合伙设计。要解决高层角色、高阶角色、高管角色，薪酬设计、奖金设计、期权设计六大问题。《你的降落伞是什么颜色的》讲述了高层、高阶、高管在职戴“金手铐”，离职后生活质量水平的真实排序。

②中层股权合伙设计。要解决银股投资、身股溢价、股权配置，任期目标、业绩考核、分配体系六大问题。合伙制既是股份制的深化，又是平台制能做大的依据。合伙制需要合能力、合目标、合共享、合资源。

③基层计件合伙设计。要解决我是主人、为己打工、心系企业，销售计元、出品计件、管理绩效六大问题。创造财富、分配财富、分享财富是底层创富的逻辑。基层计件能够规避都是股东却没人做事的大问题。

（3）接班人的梯队设计

①民营企业梯队设计。要解决 50 后、60 后、70 后、80 后、90 后、00 后梯队建设，这是困扰企业的大问题。任何基业长青的企业都把梯队建设作为首要任务，作为战略设计、顶层设计、制度设计。

②家族企业梯队设计。要解决家族制、家长制、传袭制，股权配置、家庭配股、资本主义六大问题。家族企业梯队设计在我国、在华人世界、在跨国经营中是需要解决的首要问题。

③百年老号梯队设计。要解决产品老化、服务老化、环境老化，人员迭代、需求迭代、品牌迭代六大问题。中国餐饮老字号企业的衰败不是非物质文化遗产能够拯救的，只有解决持续创新体制驱动问题才能使基业长青。

2. 制度层面健康设计

关键词：总部层面制度设计、部门层面制度设计、门店层面制度设计。

（1）总部层面制度设计

①基本制度遵守设计。要解决入职流程、离职流程、升迁流程，作息制度、双休制度、年假制度六大问题。基本制度是所有人都要遵守的刚性制度，制度面前人人平等，在基本制度面前没有人能享受豁免权。

②人力资源制度设计。要解决入职训练、应岗训练、星级训练，奖惩制度、考核制度、升迁制度六大问题。人力资源既是连锁经营体系发文最多的部门，又是总部部门之间、部门门店之间工作交叉最多的部门。

③财务约束制度设计。要解决成本管理、费用管理、利润管理，预算管理、核算管理、决算管理六大问题。财务约束既要对总部部门、连锁店铺进行专业指导，又要编制资产负债、损益平衡、现阶流量报表。

（2）部门层面制度设计

①专业层面制度设计。要解决业务体系、物流体系、行政体系，专业领域、学科体系、专业衔接六大问题。专业层面制度设计的指导思想是：专业的事让专业的人做，专业领域的规则与规范用极简的语言进行解析。

②工作层面制度设计。要解决具体部门、具体职位、具体工作，工作属性、工作分析、工作设计六大问题。工作制度是专业领域制度，如采购制度、仓储制度、加工制度、配送制度，要用专业领域的专有名词。

③作业层面制度设计。要解决部门总监、单元经理、岗位专员，分工设计、协作设计、作业设计六大问题。作业层面制度设计要以极简主义为主

旨，通过岗位流程作业指导实现，关键是要简洁、明快、落地。

（3）门店层面制度设计

①服务体系制度设计。要解决客服制度、服务制度、收银制度，水吧制度、传菜制度、清洁制度六大问题。服务体系制度设计包括基本制度、工作制度、责任制度三个层面。请牢记：制度要少，内容落地。

②厨务体系制度设计。要解决申购制度、用货制度、盘点制度，成本管理、费用管理、浪费规避六大问题。厨务体系制度设计除遵守基本制度以外，还要设计专业导向的专业制度与业绩导向的责任制度。

③行政体系制度设计。要解决办公制度、仓管制度、财务制度，网管制度、工程制度、公事制度六大问题。行政体系制度设计除约束总部部门行政作业以外，还要完成门店行政、作业指导、作业链接设计。

3. 机制层面解决问题

关键词：物质激励机制设计、精神激励机制设计、发展激励机制设计。

（1）物质激励机制设计

①薪酬激励机制设计。要解决工资方案、奖金方案、福利方案，月薪制度、日薪制度、小时工资六大问题。薪酬激励要把握社会保障、竞争实力、企业实力三大要点，既要考虑短期所得，又要考虑长期获得。

②奖金激励机制设计。要解决超额劳动、超额时间、超额价值，全勤奖励、计件奖励、质量奖励六大问题。奖金激励要把握定量评价、定性评价、状态评价尺度。在门店回报期要解决如何给付奖金以调动积极性问题。

③福利激励机制设计。要解决企业福利、社会福利、制度福利，短期福利、中期福利、长期福利六大问题。福利激励要把握奖金刺激、工资激励、福利获利之间的关系，用制度、措施把不确定性变为确定性。

（2）精神激励机制设计

①表彰激励机制设计。要解决口头表彰、海报表彰、广宣表彰，最佳奖项、最优评价、榜样确立六大问题。表彰激励要把握精神层面、心灵层面、思维层面的榜样确立，以确立群体、团队、组织的正能量。

②赞美激励机制设计。要解决感人关照、自觉加班、化解问题，经受委屈、遭遇打击、默默贡献六大问题。赞美激励要把握会议赞美、沟通赞美、表彰赞美的场景，赞美那些少说多做、说到做到的“隐形冠军”。

③惩罚激励机制设计。要解决批评激励、惩罚激励、检讨激励，辅导激励、复训激励、监控激励六大问题。惩罚激励要及时制止负面情绪、负面行为、负面结果；行为管理要得罪人，不能只做老好人。

（3）发展激励机制设计

①晋升激励机制设计。要解决星级训练、星级考核、星级升迁，基础管理、专业管理、发展管理六大问题。晋升激励要把握经理人员、管理人员、工作人员晋升通路的节点，实现员工与企业共同成长预期。

②混搭激励机制设计。要解决精神激励、物质激励、发展激励，精神物质、物质发展、精神发展六大问题。混搭激励要把握精神激励、物质激励、发展激励三者之间的关联耦合，用混搭组合产生理想的预期。

③教育激励机制设计。要解决培训激励、训练激励、教育激励，能力培养、心智培养、教化培养六大问题。教育激励要把握星级训练、管理训练、发展训练三者之间的关系，配合薪酬体系设计解决教育激励机制设计问题。

（三）健康总裁身心管理

本节专题“健康总裁身心管理”，包括起居模式和饮食模式、工作模式和运动模式、思维模式和财富模式内容精要以及关键词分析。

1. 起居模式和饮食模式

关键词：起居模式身心健康、饮食模式身心健康、习惯修正身心健康。

（1）起居模式身心健康

①早起时间健康管理。要解决猫头鹰型、百灵鸟型、努力类型，习惯形

成、早起效率、晨练收获六大问题。早起时间要把握生活习惯、健康指数、晨练须知起居方式问题，合理进行能量补充，为一天打好坚实基础。

②午休时间健康管理。要解决工作日期、午餐时间、午休时间，午休环境、午休习惯、不能午休六大问题。午休时间要把握工作状态、休闲状态、出差状态适应问题，把握午休习惯养成与午休习惯打破的关系。

③晚睡时间健康管理。要解决入睡时间、深度睡眠、熟睡时间，睡眠时间、睡眠质量、疲劳恢复六大问题。晚睡时间要把握熬夜规避、深度睡眠、起夜再睡修身养性问题。保证睡眠质量，精力旺盛开启每一天。

（2）饮食模式身心健康

①早餐食量结构管理。要解决早餐食量、进食品类、进食品种，热量补充、吃出健康、喝出精彩六大问题。早餐食量要把握年龄性别、身高体重、职业特征具体问题，把握早餐食量占全天食量的 30% 的数据与比例。

②午餐食量结构分析。要解决热菜选择、面点选择、汤菜选择，称重设计、营养结构、能量补充六大问题。午餐食量要把握重量指标、少油少盐、轻餐代餐具体问题，把握午餐食量占全天食量的 40% 的数据与比例。

③晚餐食量结构分析。要解决温度设计、味道设计、重量设计，用餐时间、休闲时间、晚睡时间六大问题。晚餐食量要把握睡觉前 4 小时不再进餐的底线，适量进餐，把握晚餐食量占全天食量的 30% 的数据与比例。

（3）习惯修正身心健康

①成瘾消费修正问题。要解决饮品消费、嗜辣消费、甜品消费，爆品记忆、高感味型、过度烹饪六大问题。成瘾消费要把握意志品质、习性改变、明知故犯的现实问题，避免成瘾消费造成生理与心理依赖误区。

②垃圾食品修正问题。要解决油炸食品、香精香料、添加试剂，保质期限、预包装品、防腐试剂六大问题。垃圾食品会导致过度肥胖、营养不良、慢性疾病增加问题，垃圾食品正威胁着年轻人的生理和心理健康。

③口味偏好修正问题。要解决口味习性、口味传承、口味偏好，嗅觉记忆、味型记忆、舌尖感受六大问题。口味偏好修正涉及地域传承、习惯定型、

偏好定型等问题，只有明确口味偏好对健康有害，消费者才会有改正的动力。

2. 工作模式和运动模式

关键词：脑体劳动比例关系、合理运动比例关系、放松身心修复能力。

（1）脑体劳动比例关系

①脑力劳动高效时段。要解决办公环境、办公方法、办公工具，创造劳动、精力集中、血氧含量六大问题。脑力劳动要把握时间管理、自我管理、能力管理诸多问题，把创作欲望、精力、效率拉长并使其延续。

②体力劳动关注阶段。要解决工作流程、工作节点、工作细则，脑力消耗、体力消耗、专注能力六大问题。体力劳动要把握中等体力、中等能力、中等频率达标问题，为评价管理与业绩管理提供数字依据。

③脑体劳动疲劳阶段。要解决劳动时间、劳动效率、脑体消耗，工作干扰、思路切换、体能透支六大问题。脑体劳动要把握身体层面、心理层面、状态层面相关问题，为脑体消耗与能量补充提供数字依据。

（2）合理运动比例关系

①健康晨练指数分析。要解决晨练时间、晨练选项、晨练持续，挑战自我、科学晨练、阶段评价六大问题。健康晨练要把握人与自然、人与社会、人与自我之间的关系，有氧活动以锻炼心肺能力与频率为主要诉求。

②下班后的锻炼注意。要解决适量加餐、适量补水、项目选择，负重锻炼、拉伸锻炼、操绳锻炼六大问题。下班锻炼要把握运动器材、自由搏击、瑜伽打卡相关问题，选择常态化项目持续精进，旨在收获健康。

③晚间适宜运动分析。要解决慢跑选项、散步选项、球类选项、游泳选项、健身选项、太极选项六大问题。晚间运动要把握动作频率、锻炼强度、锻炼时间相关问题，不要因强度太大、时间过长而影响休息。

（3）放松身心修复能力

①茶饮咖啡放松身心。要解决上午休闲、喝杯暖茶、补充闲食，下午休闲、喝杯咖啡、补充零食六大问题。茶饮咖啡要把握拥抱暖阳、身体放松、心理放松相关问题，选择健康的茶饮或咖啡，为精力旺盛赋能。

②读书音乐放松身心。要解决读本好书、听听音乐、做点园艺，整理自我、做点家务、朋友联络六大问题。读书、音乐要把握脑力消耗、体力消耗、脑体消耗恢复问题，休闲与休息要完成脑力与体力的再生产。

③文旅文创放松身心。要解决开车出行、郊区旅游、生态旅游，国图馆地、故宫胜迹、园林园艺六大问题。文旅购物要把握回归自然、接近圣贤、文创项目相关问题，文旅文创是与家人联络感情的理想方式。

3. 思维模式和财富模式

关键词：思考能力转化能力、分权分责担责能力、开源节流财富能力。

（1）思考能力转化能力

①思考维度思考角度。要解决哲学层面、科学层面、实践层面、经济层面、社会层面、自然层面六大问题。思考维度要把握哲学第一、科学第二、实践第三闭环原理，从思考维度与角度分析问题、解决问题。

②思维方式理性分析。要解决形式逻辑、辩证逻辑、数理逻辑，推理分析、论证分析、数字分析六大问题。思维方式要把握思考能力、方法选择、工具选择相关事宜，旨在运用工具理性与人文理性解决问题。

③思维转化方法运用。要解决卡普兰法、目标转化、评价反馈，平衡积分、目标体系、闭环管理六大问题。思维转化要把握方法选择、方法运用、工具运用相关事宜，实现思维、方法、工具之间的打透设计。

（2）分权分责担责能力

①自己要做能力分析。要解决自我管理、时间管理、计划管理、进度管理、日志管理、检讨管理六大问题。自己要做要把握计划设计、工作效率、里程评价相关事宜，用一分钟目标、赞美、检讨来管理自己。

②授权要做能力分析。要解决授权问题、授责问题、授权管理，流程设计、指导设计、担责设计六大问题。授权要做要把握自己要做、授权要做、承担责任相关问题，授权要做是培养下属应岗胜岗能力。

③合作要做能力分析。要解决自己要做、授权要做、合作要做，首要问题、关键问题、重要问题六大问题。合作要做要把握线上办公、有效沟通、

办公效率相关问题，总裁工作包括自己、授权、合作三部分。

（3）开源节流财富能力

①项目投资计划设计。要解决项目投资、商业计划、财务预算，会议论证、意见表决、决策程序六大问题。项目投资要把握预算分析、核算分析、结算分析相关事宜，用时间表、路线图、责任人对投资负责。

②投入产出保本分析。要解决存量增量、成本费用、毛利纯利，超过保本、等于保本、低于保本六大问题。投入产出要把握保本点位、分差管理、损益管理相关事宜，营业日报是对量本利与附加值的精准注释。

③财务控制财务审计。要解决签字权限、签字程序、签字合规，职务审计、财务审计、事件审计六大问题。财务控制要把握理性用权、承担责任、问题追溯相关事宜。牢记：除了薪酬与分红，没有其他收入。

三　健康食堂环境设计
——生态环境重构

服务是重要因素、环境是关键因素、产品是决定因素，讲述了环境打造的价值。业种，卖什么？店态，怎样的环境？业态，怎么卖？诠释了社交场景打造是健康食堂载体逻辑。本章解决健康食堂环境设计工程交底。

健康食堂环境设计主旨：从营建专业视角，对食堂服务、厨务、行政区域营建与设计公司做工程交底，由设计公司完成效果设计、平面布局、图纸出具，并编制施工图表、拟订监理方案，作为工程验收依据。

（一）健康食堂结构比例

本节专题“健康食堂结构比例”，包括健康食堂硬件布局、餐厅区域面积占比、行政区域面积占比内容精要以及关键词分析。

1. 健康食堂硬件布局

关键词：厨房区域面积分割、工作单元面积分析、工作动线面积设计。

（1）厨房区域面积分割

①厨房模式设计前提。要解决全能型、共享型、配送型厨房不同模式，有几个工作单元，厨房设备设施电气化、机械化、智能化等级问题。有了抓手，无论是空间占用，还是设备设施，或是人员配置，就都有了依据。

②厨房面积设计占比。要解决服务区域与厨房区域面积黄金分割比例问题，即业界常说的餐厨比，可参照 7∶3、6∶4、5∶5 三个比例。健康食堂面积分割，在定义厨房模式的前提下，才能解决厨房占比的原则性问题。

③厨房占比细分设计。要解决厨房面积占比问题，应包括行政面积布局，即仓储、办公、财务、工程和网管 5 个工作单元行政功能面积占比，以厨房面积占 50% 为例，要拿出 15% 左右的空间做行政功能，打造支持体系。

（2）工作单元面积分析

①全能厨房单元设计。包括开生、切配、烹饪、打荷、冷菜、面点、洗消和档口 8 个工作单元。每个工作单元都有设备布局、工作动线、岗位设计、人员配置。全能厨房是最古老的中餐传承模式，需要晋级。

②共享厨房单元设计。包括切配、烹饪、打荷、冷菜、面点、洗消和档口 7 个工作单元，这是酒店餐饮常用的厨房模式，即宴会厅、风味厅、零点厅、自助餐、咖啡厅、西餐厅，共享负二层开生与存储功能。

③配送厨房单元设计。包括烹饪、打荷、冷菜、面点、洗消和档口 6 个

工作单元，这是理想的厨房模式。通过布局双厨房对接，实现成本、品质、安全管控预期；节省两个工作单元的空间、设备、人员配置。

（3）工作动线面积设计

①人体工学导入分析。厨房区域导入人体工学有三个维度：一是根据人体身高、手臂覆盖、黄金区域设计动作经济；二是以劳动保健为指导，设计通风、采光、温度、湿度；三是运用工作设计原理做工位指导。

②平面交通数据分析。厨房区域平面交通设计有三个维度：一是主通道有 1.8 米宽度；二是辅通道有 1.2 米宽度；三是甬通道有 0.8 米宽度。在此基础上，从开生到出品、从生食到熟化向前做推进，没有折返。

③人效劳效坪效分析。厨房区域在工作单元、工作动线、工作岗位资源配置完成后，要有作业指导设计。通过人与机械配合，完成工场手工业阶段，人效、劳效、坪效用人计划、考核指标、薪酬体系总体设计。

2. 餐厅区域面积占比

关键词：餐厅交易模式设计、餐厅工作单元区域、餐厅餐位数周转率。

（1）餐厅交易模式设计

①零点模式交易设计，是指餐台交易实现设计，即在餐台完成自点、推荐、交易。这是传统的交易模式，要有组织架构、工作单元、人员配置，以及下单流程、出品流程、落菜流程等，只有发挥人员密集作用才能实现。

②自助模式交易设计，是指收银交易实现设计，即在展台完成冷菜、热菜、面点、汤菜自选，在自选前或称重后完成刷卡交易设计。自助餐有酒店自助、中餐自助、零点自助模式。导入智能化交易，做到流程极简。

③小吃模式交易设计，是指档口交易实现设计，即在美食广场或团餐项目设计档口组合，通过统一收银、统一饮品、统一清洁，实现小吃模式交易关键环节设计。小吃导入能够弥补自助与零点餐单变化的不足。

（2）餐厅工作单元区域

① 8 个单元占地面积。全能型厨房模式有 8 个工作单元设计，势必会占据面积、动线、空间，增加设备、设施、布线的投入，这是传统中餐单店经

营作业单元设计，适合租金水平处于低位的项目布局设计。

② 7 个单元占地面积。共享型厨房模式有 7 个工作单元设计，由于省掉了开生工作单元与部分仓储功能，所以在面积划分、空间设计，设施投入、设备布局，岗位设计、人员配置方面能节省投资成本与运营成本。

③ 6 个单元占地面积。配送型厨房模式有 6 个工作单元设计，由于省掉了开生、切配两个工作单元布局，不但在面积划分、空间设计，设备投入、运营费用方面降低了成本，而且在安全、营养、健康方面值得期待。

（3）餐厅餐位数周转率

①快餐业态数据参照。餐厅餐位人均面积为 1.2 平方米，周转率为早餐 2 次、午餐 3 次、晚餐 2 次。如此餐位数与周转率不但构成数据指标，而且是快餐业态基础数据。团餐业态要以此为参照做餐位数与周转率设计。

②简餐业态数字依据。餐厅餐位人均面积占比为 1.5 平方米，周转率为早餐 2 次、午餐 2 次、晚餐 2 次、茶餐 2 次、夜餐 1 次。休闲简餐业态提升了餐位人均面积占比，提高了客单价与餐台黏性，收获全饭市经营业绩。

③团餐业态数字设计。餐厅餐位人均面积为 1.5 平方米，周转率为早餐 2 次、午餐 3 次、晚餐 2 次。由于团餐是由自助餐饮、小吃档口、零点宴席、饮品甜品构成的工作餐饮，所以餐位数与周转率就有了设计依据。

3. 行政区域面积占比

关键词：办公财务面积占比、网管工程面积占比、采购仓储面积占比。

（1）办公财务面积占比

②办公空间面积占比。办公空间在行政面积占比中占有重要权重，因为要有文员办公、经理办公、行文发文、办公设备布局，所以办公面积占比不但要做实而且要讲效率。当然，小空间、高效率、多功能是要实现的预期。

②财务空间面积占比。财务办公空间设计在行政体系中非常关键，有条件的门店有单独的财务办公空间，没条件的门店财务与办公空间合二为一。当然，要注重财务办公的私密性、独立性，这是财务空间设计的依据。

③专职兼职岗位分析。专职是指由专门的人做专门的事，以专业赋能；

兼职是指总部财务人员兼管 3~5 家门店财务作业指导。这也是专职要做实、兼职要做精的指导思想、设计理念、规划布局作业依据。

（2）网管工程面积占比

①网管管控面积占比。网管办公空间在行政体系中居首要位置，因为前台运营、中台数据、后台支持要在网管办公空间通过综合布线实现，所以既有设备又有设施，还有工具，决定了 5G 时代网管空间占比。

②工程运营面积占比。门店工程是总部工程在门店的延续，由于涉及日常办公、零件备件、工具库房，所以需要做实。门店工程人员一般要兼管 5 家门店的维护与保养，也决定了办公面积小、库区不可少的现实与选择。

③专职兼职岗位分析。网管曾经是兼职，5G 时代，随着餐饮企业总部 OA、物流 ERP、门店 POS 系统的打透，网管角色从兼职转向专职；工程本是专职角色，为实现从成本中心向利润中心过渡，工程角色从专职转向兼职。

（3）采购仓储面积占比

①采购功能面积占比。采购办公空间在行政体系中居重要位置，采购包括服务采购、厨务采购、行政采购。服务采购一周一次，厨务采购每天发生，行政采购一旬一次，决定了采购兼职角色的功能属性。

②仓储功能面积占比。仓储空间设计在行政体系中居首要位置，仓储办公是专职角色，因为门店有干仓、湿仓、冻仓设计，以及粮油、饮品、物料仓储需求，所以由总部中心仓储辅导门店周转仓储完成营建。

③专职兼职岗位分析。采购办公本是专职角色，以实现门店申购与总部采购双制对接，由于门店行政优化，所以采购办公可归于仓储办公，或由仓储替代。仓储办公是专职角色，要实现对上、对内、平级沟通。

（二）健康食堂装修装饰

本节专题“健康食堂装修装饰”，包括健康食堂工程交底、健康食堂装修工程、健康食堂装饰工程内容精要以及关键词分析。

1. 健康食堂工程交底

关键词：服务体系工程交底、厨务体系工程交底、行政体系工程交底。

（1）服务体系工程交底

①外部环境工程交底。要清楚地定义店头广告、墙身墙群、窗身门身、停车点位、指示系统、水牌广告外部环境数据。在此基础上，要与设计公司交底装修主题、品牌导入、材质选择、效果图纸设计。

②服务区域功能交底。要清楚地定义面积分割、工作单元、动线设计，设备配套、设施布局、家私设计，交易模式、智能设计、人均面积数据，给设计公司认知、转化、创造提供机会，使价值观与方法论相匹配。

③服务单元工程交底。要清楚地定义客服单元、服务单元、传菜单元、水吧单元、收银单元、清洁单元设备清单、面积占比、装修语言、装饰设计。在功能要求的基础上，设计师通过装修装饰图纸语言实现预期。

（2）厨务体系工程交底

①面积分割动线交底。在餐厨比面积分割前提下，确定厨房总面积中厨房与行政面积间的比例关系。客观地讲，行政面积在厨房总面积中的占比在15%左右，关键要看厨房运营是全能、共享、配送中的哪种模式设计。

②工作单元功能交底。要清楚地定义开生、切配、烹饪、打荷、冷菜、面点、洗消和档口8个单元功能设计、设备清单、动线布局，并导入直线形、U字形、L形、岛屿形布局，以及天花、墙身、地面装修交底。

③施工图纸标注交底。要清楚地定义平面布局图、设备清单图、给水排水图、给风排风图、强电布局图、弱电布局图、燃气布局图和综合布线图。在此基础上，对装修商与设备商进行装修工程与设备工程交底。

（3）行政体系工程交底

①办公财务工程交底。要清楚地定义办公空间层高设计、通风设计、照明设计，家私配置、设备配置、工具配置，综合布线、耗材配置、纸张文具占用的空间与数据，并定义色彩、照明、温度、湿度指标数据。

②工程网管工程交底。要清楚地定义网管办公、设备设施、综合布线数据，并以此为据做工程交底；定义工程办公、库房配置、工具摆放、维护保养功能数据，在此基础上与设计商、装修商、设备商进行工程交底。

③采购仓储工程交底。要清楚地定义采购办公、申购设计、设备设施数据，并以此为据做工程交底；定义仓储办公、库房配置、交易空间、工具摆放功能数据，在此基础上对设计商、装修商、设备商进行工程交底。

2. 健康食堂装修工程

关键词：外部环境装修工程、服务厨务装修工程、行政物流装修工程。

（1）外部环境装修工程

①店头广告工程交底。以街边店为例，店头广告要实现 500 米外旗杆广告、200 米处楼宇广告、50 米处店头广告、正对面门头广告、侧立面竖牌广告，即路牌、店头、水牌广告系统集合，这是装修工程的重点。

②门身窗身工程交底。门身窗身工程承载着餐饮企业的营业时间、启闭方向、暖心问候，自然采光、价值观念、经营主张。门身窗身一般采用彩色铝合金、“木艺＋玻璃”、复合材料来打造，以突出审美、广告宣传、诉求话语。

③墙身台阶工程交底。墙身工程材质、语言、色彩要与广告工程、门身窗身互相配合，使墙身工程、门身窗身既能融入建筑外立面，又能突出个性并卓尔不群。台阶既包括门头地台设计，又包括门前通路设计。

（2）服务厨务装修工程

①服务区域概念设计。要解决面积划分、动线设计、单元布局，天花工程、墙身工程、地面工程，照明工程、空调工程、背景音乐，家私工程、隔离工程、装饰工程，综合布线、智力赋能、强电弱电 15 个问题。

②厨房区域效果设计。要解决面积划分、出品动线、工作单元，设备布局、设施配置、炊具用具，消防工程、照明工程、电力工程，燃气工程、脱排工程、排污工程，天花工程、地台工程、隔油工程 15 个问题。

③施工节点图纸出具。以服务区域为例，要解决天花工程、墙身柱身、地台工程，家私工程、广宣工程、安全工程布局，以及设计单位、设计依

据、材质选择问题，并用 A3 纸出具平面图纸、立面图纸、剖面图纸。

（3）行政物流装修工程

①行政办公装修交底。要解决面积分割、标高设计、家私布局，照明设计、给风排风、综合布线，办公设备、办公耗材、文件储柜，天花装修、墙身装修、地面装修，色彩选择、材质选择、工艺选择 15 个问题。

②仓储建仓装修交底。要解决冷冻库、冷藏库、干货库、粮油库、物料库、饮品库 6 个仓储建仓设计。门店仓储建仓由总部仓储部门派人指导，旨在解决门店开业前与开业后要货、预货、验收、用货对接问题。

③综合布线装修交底。要解决行政区域综合布线、隐蔽工程、穿管穿线、强电弱电、线路布局、关控闸箱 6 个综合布线问题，这是门店行政隐蔽工程，不但要做好工程施工，而且要有施工图纸做维护保养依据。

3. 健康食堂装饰工程

关键词：色彩照明装饰工程、天花墙身柱身装饰、绿植景观装饰工程。

（1）色彩照明装饰工程

①食品色复合色交底。要解决红色、黑色、橙色、黄色、绿色、紫色、白色食品色组合运用问题；装饰工程用色一般不用纯色，而用复合色。关于复合色运用，星巴克门店装饰色运用为业界做了示范案例。

②暖色光源照度合理。要解决直接照射、间接照射、特写照射、立体照明、不要眩目、暖色光源设计，以及出品区域、公共区域、用餐区域，不同照度、关控体系、照度合理数据，2 个维度 12 个问题的设计依据问题。

③色彩照度指标设计。要解决色温、色相、色彩组合运用的色彩指标参数与数据，出品、公共、就餐区照度指标配置问题。色彩照度指标既是装饰工程的设计依据，又是环境增值的基础数据，要用科学技术解决该类问题。

（2）天花墙身柱身装饰

①天花工程装饰设计。要解决灯光布局、色彩运用、广告挂旗天花工程装饰问题。灯光布局用暖色光源、合理照度、立体布局说话；色彩运用以暖

色调、食品色、复合色产生联想；广告挂旗配合季度、月度营销实现。

②墙身工程装饰设计。要解决墙身材质、墙身图案、广宣布局装饰设计问题。墙身材质用食品色、背景色、哑光色说话；墙身图案用对称语言、非对称语言、语言重复布局；广宣布局要设计可更换内容的广告展板。

③柱身工程装饰设计。要解决柱身材质、柱身语言、广宣布局装饰设计问题。柱身材料用哑光材质、背景颜色、石木结合，柱身语言用极简主义、配合灯光、符号背书，广宣布局用柱身广告、电视悬挂解决问题。

（3）绿植景观装饰工程

①室内绿植装饰主题。要解决环境美化、景观设计、绿植点缀立体布局问题，使室内绿植设计与室外绿植布局形成合力。绿植装饰生态餐厅亮点设计，直接诉求负氧离子含量、绿植养眼养心、蔬菜直接入肴问题。

②局部景观装饰设计。要解决绿植墙身、绿植围合、绿植景观组合运用问题。在操作层面，既有名贵树木入驻门店，又有绿植打造 LOGO 墙身，还有水景与绿植组合运用。花卉公司能为室内绿植设计做出贡献。

③小品摆件衬托设计。要解决小品设计、摆件设计、点缀设计组合运用问题。生态餐厅打造，要把植物墙身、真树真木、真花真草园林设计与园艺雕刻相结合，既能起到画龙点睛的作用，又能营造典雅与禅意的氛围。

（三）健康食堂设备设施

本节专题“健康食堂设备设施”，包括健康食堂设施理解、健康食堂设备布局、健康食堂综合布线内容精要以及关键词分析。

1. 健康食堂设施理解

关键词：消防燃气电力工程、上下水给排风工程、排污排渣环保工程。

（1）消防燃气电力工程

①消防设施工程注意。要把握消防工程由消防局指定施工单位做工程设计、施工、保养的规定。无论是探头设计，还是烟感系统，或是水幕系统，以及消防工具，都由专业公司负责。餐饮企业要做好合规报装办理。

②燃气设施工程注意。要把握燃气设施由燃气公司指定施工单位做图纸设计、施工设计，使安装调试工程落地。燃气表房、横管布线、关控节点、打压试压和流量读取是专业设计，餐饮企业做好合规报装办理。

③电力设施工程注意。要把握由专业电力施工单位做施工图纸、设计布局、关控设计。配电柜、变电柜、关控柜是关控体系；动力电、照明电、接地线是功能设计；电压、电流、电阻，接口、穿线安全第一。

（2）上下水给排风工程

①上水下水工程设计。要解决上水水源、管线布局、管径设计、节能关控核心问题，以规避水源污染、人为浪费、化学超标敏感话题。地漏设计、明沟设计、隔油设计、排放设计，使企业与环境能和谐相处。

②给风排风工程设计。要解决空气过滤、送风管道、风力控制、压力压强问题，使空气能导入鲜氧；要解决运水烟罩、离心风机、排风管线、风力控制问题，以厨房为重点，解决服务区与行政区的脱排问题。

③系统功率闭环设计。要解决上水下水、水表抄表、水费升级问题，要解决换气次数、负压生成、防止污染问题，要解决单元工程、设备工程、设施配套问题。系统功率闭环是解决问题的思维导图设计。

（3）排污排渣环保工程

①排污工程要做什么。要解决排油烟、排污水、排 P2M 指标问题。在强调人与环境和谐相处的今天，餐饮企业在排放工程方面要有更高的投入。餐饮企业创业阶段用牺牲环境挣点小钱的行为，已经亮起红灯。

②排渣工程要做什么。要解决厨余垃圾、可回收物、有害垃圾、其他垃圾的码放、运送、清洁问题。今天，垃圾清理已成为城市热门话题。要解决服务区域没有洗涤单元、厨务区域没有垃圾处理的关键问题。

③环保工程数据分析。要解决油烟外飘、污水排放、汽车尾气、噪声超标环保工程数据问题。严格限定餐饮企业油烟指标（运水烟罩）、排放指标（汽车尾气）、噪声指标（60 分贝内），用法律手段进行环保治理。

2. 健康食堂设备布局

关键词：服务区域设备布局、厨房区域设备布局、行政区域设备布局。

（1）服务区域设备布局

①收银交易设备布局。要解决 POS 机、点菜宝、打印机初级收银设备布局，刷卡机、储值卡、会员制中级收银设备布局，人脸识别、称重设计、营养标注智能收银设备布局问题。当然，要有综合布线与收银软件设计。

②水吧单元设备布局。要解决收银设备、制冰设备、热水设备布局设计，冰沙设备、奶昔设备、立式冷柜布局设计，摩卡杯具、微压破壁、熬煮复热设备配置，咖啡制作、茶饮制作、甜品制作设备配置问题。

③餐线档口设备布局。要解决餐线餐具码放、冷菜展示、热菜展示、面点展示、水果展示、饮品展示布局设计问题，要解决档口水牌广告、收银设备、展示设备、制作设备、出品设备、保温设备布局设计等问题。

（2）厨房区域设备布局

①厨房机械设备布局。要解决锯骨机、切菜机、切肉机、打蛋机、和面机、压面机、搅拌机、滚揉机、炒菜机设计、布局、施工、调试、使用问题。用科技赋能，使厨房通过人机配合实现技术密集，提升效率。

②厨房灶具设备布局。要解决炮台灶、猛火炉、电磁炉、蒸烤炉、电扒炉、电焗炉、电炸炉、煮面炉、煲仔炉、电饭煲、暖饭煲、爆炒王炉具配置问题。在一次能源升为二次能源的大背景下，实现炉具设备布局。

③冰柜调理设备布局。要解决高身雪柜、平台雪柜、展示雪柜，热汤池、暖饭车、展示热柜，工作台柜、储物台柜、缓化星盆，落台层架、刀具摆架、砧板摆架布局问题。使冰柜雪柜、调理设备、厨房模式适配。

（3）行政区域设备布局

①办公家私电脑打印。要解决办公桌椅、文件储柜、工作岛屿设备布局

问题，以及电脑配置、复印设备、通信设备配置问题。办公自动化是行政体系持续追求的目标，要与5G时代物联网、移动办公相联系。

②仓储库房设备布局。要解决服务库存、厨务库存、行政库存、工程库存设备理性布局问题，包括层架码放、条码设计、配货工具、理货用具配置问题，还包括通风、采光、防虫、防害、防盗监控布局。

③财务安全设备布局。要解决保险柜、密码箱、密码锁财务办公安全硬件设备置办问题，以及财务语言、财务软件、打印设备财务办公安全软件设备置办问题，还有制度约束、责任追溯、训练指导管理问题。

3. 健康食堂综合布线

关键词：电力层面综合布线、电信层面综合布线、智能升级综合布线。

（1）电力层面综合布线

①照明用电综合布线。工程交底要解决直接照射、间接照射、特写照射，光源性质、照度指标、照度匹配6个问题；布线设计、穿管设计、接口设计，关控设计、开关设计、启闭时间6个问题。按图施工落地。

②动力用电综合布线。工程交底要解决设备用电、设施用电、用电性质，启闭闸箱、关控设计、责任设计6个问题；零线设计、接地设计、安全设计，防水闸盒、暗线穿管、接头设计6个问题。按图施工落地。

③隐蔽工程关控工程。工程交底要解决暗管设计、暗线设计、接头设计，隐蔽工程、总体设计、阶段验收6个问题；图纸设计、追溯设计、维保设计，配电闸柜、变电闸柜、用电闸箱6个问题。隐蔽需要明晰。

（2）电信层面综合布线

①电话通信综合布线。工程交底要解决程控电话、直拨电话、传真配置，无线网络、邮箱设计、网址设计6个问题；移动电话、苹果语系、安卓语系，移动办公、智能升级、效率升级6个问题。开启链接经济。

②网络网线综合布局。工程交底要解决电话线路、无线线路、网络线路，门户网络、专业网络、支付网络6个问题；线上点餐、刷卡交易、一站消费，外带消费、外卖送餐、外带扫码6个问题。链接提供便利。

③线上平台频道布局。工程交底要解决微信平台、视频平台、小程序系，线上商城、福利发放、线上点餐 6 个问题；视频录制、视频上传、视频经济，个人媒体、企业媒体、专业媒体 6 个问题。智力赋能经济。

（3）智能升级综合布线

①监控设备综合布线。工程交底要解决探头设计、探头点位、探头布局，视频设计、软件设计、辅助工具 6 个问题；监控范围、监控时间、监控记录，视频存储、有效期限、过期放弃 6 个问题。远程控制落地。

②温控烟控综合布线。工程交底要解决厨房区域、温度控制、危机规避，烟雾报警、信号提醒、措施启动 6 个问题；探头设计、烟感设计、信号设计，水雾设计、消防器材、沙袋配置 6 个问题。消防训练落地。

③线上会议综合布线。工程交底要解决远程会议、远程办公、远程训练，时差问题、会议流程、会议成本 6 个问题；智能等级、光缆布线、局域网络，视频录放、音频线路、照明布局 6 个问题。开启线上经济。

四　健康食堂产品设计
——生态饮食重构

卖什么？业种。怎样的环境？店态。怎么卖？业态。当我们理解了业种是产品组合、店态是环境设计、业态是怎样售卖的关系时，就理解了产品的首要、关键、重要位置。综合感受与性价比要用产品来说话。

品类品种是产品设计的宽度与深度，味型工艺是产品设计的灵魂与秘籍，餐单设计是产品设计的标注与承载。健康食堂餐单是自助餐单、小吃餐单、包房餐单、饮品饮单的集合，用创新实现日常与节令转化设计。

（一）健康食堂品类品种

本节专题“健康食堂品类品种”，包括自助餐饮业态分析、小吃档口业态组合、包房零点聚餐设计内容精要以及关键词分析。

1. 自助餐饮业态分析

关键词：自助餐饮深度解析、中餐自助仪式分析、团餐自助特点分析。

（1）自助餐饮深度解析

①自助餐饮由来分析。要解决西式餐饮、就餐方式、自我服务，冷餐自助、亨联早餐、自助餐饮六大问题。要把握就餐方式、服务方式、产品组合、周转方式四者之间的关系，解决就餐过程与轻松用餐的实现设计问题。

②西式自助特点分析。要解决西式宴请、不备正餐，自选食物、自由组合，冷食为主、热菜为辅六大问题。要把握正式宴会、仪式烦琐、自助餐饮、轻松组合四者之间的关系，解决仪式设计与轻松氛围的变革逻辑问题。

③日式自助成型分析。要解决酒店首创、产品组合、客人自取，冷食为主、热菜为辅、面条配合六大问题。要把握寿司组合、冷菜组合、热菜组合、主食组合四者之间的关系，解决酒店自助与日料自助的实现设计问题。

（2）中餐自助仪式分析

①中餐高档自助设计。要解决价格设计、品类设计、品种设计，菜式设计、烘焙点心、酒水甜品六大问题。要把握高档环境、高尚品位、高端食材、高价设计四者之间的关系，解决高档自助与时尚设计的年代问题。

②中餐中档自助设计。要解决中产阶级、零点自助，自己埋单、组团用餐，中餐西做、西餐中做六大问题。要把握零点自助、轻奢消费、价格适中、朋友聚会四者之间的关系，解决零点自助与组团消费的定位设计问题。

③中餐低端自助设计。要解决二线城市、会议自助，火锅自助、烧烤自助，比萨自助、小吃自助六大问题。要把握价格亲民、性价之比、不限食

量、不要浪费四者之间的关系，解决自助餐饮与自我服务的自嗨设计问题。

（3）团餐自助特点分析

①团餐自助饭市设计。要解决早市设计、午市设计、晚市设计，茶餐设计、消夜设计、外带设计六大问题。要把握饭市设计、产品组合、一卡消费、亲民便利四者之间的关系，解决饭市设计与产品组合的实现逻辑问题。

②团餐自助菜式设计。要解决冷菜设计、热菜设计，汤菜设计、面点设计，水果设计、称重设计六大问题。要把握就餐习惯、菜式设计、产品组合、称重交易四者之间的关系，解决产品选择与营养标注的实现管理问题。

③团餐自助饮品设计。要解决冷饮设计、热饮设计，咖啡设计、茶饮设计，甜品设计、乳品设计六大问题。要把握蔬果组合、乳果组合、茶饮组合、蒸炖组合四者之间的关系，解决营养饮品与指标标注的背书设计问题。

2. 小吃档口业态组合

关键词：地域小吃整合设计、业态小吃提点设计、风味小吃爆款设计。

（1）地域小吃整合设计

①小吃档口菜式设计。要解决档口设计、餐单设计、刷卡设计，产品制作、快速出品、交易设计六大问题。要把握视觉疲劳、味觉疲劳、感觉疲劳、突破设计四者之间的关系，解决不同偏好与适度多样的选择设计问题。

②小吃品类口味设计。要解决工艺设计、技法设计，味汁设计、酱汁设计，口味设计、好吃定义六大问题。要把握地域口味、菜系口味、江湖口味、家常口味四者之间的关系，解决品类组合与口味组合的实现设计问题。

③小吃整合资源设计。要解决小面组合、香粥组合、米粉组合，包点组合、饺类组合、冒菜组合六大问题。要把握地域属性、口味习性、品类设计、创新设计四者之间的关系，解决品类组合与持续创新的实现设计问题。

（2）业态小吃提点设计

①点心小吃整合设计。要解决早餐设计、午餐设计、晚餐设计，粤式点心、产品成型、品牌成型六大问题。要把握细点设计、小点设计、中点设计、自成体系四者之间的关系，解决菜系组合与饮食习惯的对标设计问题。

②地域小吃整合设计。要解决淮扬点心、自成体系，四川小吃、组合

合理，北京小吃、生生不息六大问题。要把握地域属性、产品组合、口味习性、手工技艺四者之间的关系，解决地域小吃与适度多样的实现设计问题。

③民族小吃整合设计。要解决清真小吃、自成体系，内蒙古小吃、乳品设计，土家小吃、酸辣记忆六大问题。要把握民族特色、传承特色、融合特色、时空穿越四者之间的关系，解决民族属性与传承特点的实现设计问题。

（3）风味小吃爆款设计

①烤鱼爆款特色设计。要解决香辣麻辣、酸辣甜辣、酱香豉香，烤制工艺、炸制工艺、酱汁设计六大问题。要把握聚餐呈现、套餐呈现、档口设计、外卖设计四者之间的关系，解决烤鱼选项与口味极致的对标设计问题。

②香锅爆款口味记忆。要解决食材多样、荤素搭配，辣口重口、复合记忆，聚餐实现、分餐设计六大问题。要把握自选设计、现场制售、酱汁菜肴、性价之比四者之间的关系，解决温度设计与口味设计的实现预期问题。

③冒菜爆款为何普及。要解决食材多样、自选设计，底汤味足、称重交易，酌制烫制、轻餐设计六大问题。要把握地域特点、时尚特点、普及特点、持续晋级四者之间的关系，解决爆款设计与经久不衰的解密设计问题。

3. 包房零点聚餐设计

关键词：包房套餐聚餐设计、服务值台流程设计、零点小聚聚餐设计。

（1）包房套餐聚餐设计

①政务商务宴请规格。要解决宴会主题、人数清晰，客单设计、下单秩序，宴请资讯、分责设计六大问题。要把握政务宴请、任务设计、商务宴请、规格设计四者之间的关系，解决政务宴请与商务宴请的实现设计问题。

②宴席设计排位设计。要解决主位设计、贵宾设计、辅位设计、嘉宾设计、嘉宾台卡、排位排序六大问题。要把握政务宴请、等级排序、商务宴请、规格排序四者之间的关系，解决宴请排位与上菜顺序的秩序设计问题。

③聚餐分餐公勺设计。要解决顶级宴请、位菜设计，高级宴请、分餐设计，公勺公筷、匹配设计六大问题。要把握政务宴请、商务宴请、一菜一格、分餐设计四者之间的关系，解决聚餐分餐与公勺公筷的匹配设计问题。

（2）服务值台流程设计

①宴请资讯提前掌握。要解决用餐时间、用餐地点、用餐人员，籍贯分析、口味禁忌、餐标设计六大问题。要把握职位等级、籍贯资讯、餐标设计、产品设计四者之间的关系，解决口味习性与饮食偏好的资讯把握问题。

②产品组合沟通设计。要解决头菜设计、主菜设计、滋味菜肴、点心设计、口味菜肴、主食设计六大问题。要把握宴会主题、场景设计、产品组合、性价之比四者之间的关系，解决餐单设计与沟通反馈的匹配设计问题。

③服务流程值台开启。要解决迎宾领位、面巾茶水、落座点菜，冷菜开启、热菜跟进、面点结束六大问题。要把握提前预订、现场点餐、套餐选择、自选推荐四者之间的关系，解决服务设计与值台管理的推进设计问题。

（3）零点小聚聚餐设计

①零点小聚实现设计。要解决餐台尺度、餐具规格，餐单设计、产品组合，零点消费、性价之比六大问题。要把握零点小聚、零点自助、包房用餐、宴席设计四者之间的关系，解决零点菜肴与性价之比的对标设计问题。

②桌边点餐交易设计。要解决桌边点餐、交流互动，iPad点餐、复合设计，手机下单、效率升级六大问题。要把握不同年代、不同年龄、不同点餐、手段升级四者之间的关系，解决基础点餐与交流互动的亲切记忆问题。

③零点定制轻餐主义。要解决团餐自助、自我服务，零点定制、定制服务，食量控制、均衡营养六大问题。要把握零点小聚、正餐设计，零点自助、轻餐设计四者之间的关系，解决零点定制与轻餐简约的选择设计问题。

（二）健康食堂味型工艺

本节专题“健康食堂味型工艺”，包括冷菜热菜味型工艺、面点汤菜味型工艺、小吃饮品味型工艺内容精要以及关键词分析。

1. 冷菜热菜味型工艺

关键词：冷菜味型工艺设计、热菜味型工艺设计、味型组合差异设计。

（1）冷菜味型工艺设计

①冷菜菜肴品种设计。要解决早市冷菜、午市冷菜、晚市冷菜，品种设计、味型设计、工艺技法六大问题。要把握品种界定、热菜冷吃、轻餐代餐、素食主义四者之间的关系，解决每日饭市与冷菜占比的边界设计问题。

②冷菜菜肴味型设计。要解决咸鲜味型、咸酸味型、酸辣味型、甜酸味型、卤香味型、腌制味型六大原理问题。要把握味型设计、差异原理、味汁设计、味油设计四者之间的关系，解决味型设计与味觉体验的因果关系问题。

③冷菜菜肴工艺设计。要解决拌制工艺、酌制工艺、卤制工艺、酱制工艺、腌制工艺、醋制工艺六大品类问题。要把握工艺设计、保鲜设计、温度设计、食安设计四者之间的关系，掌握冷菜适酒与点亮心情的转化原理。

（2）热菜味型工艺设计

①热菜菜肴品种设计。要解决早市热菜、午市热菜、晚市热菜，品种设计、味型设计、荤素比例六个秩序问题。要把握热菜品种、工艺技法、荤素比例、味型设计四者之间的关系，解决热菜当家与暖心暖胃的适胃适配问题。

②热菜菜肴味型设计。要解决咸鲜味型、酱香味型、鱼香味型、荔枝味型、麻辣味型、酸辣味型六大品种问题。要把握复合味型、酱汁设计、度的标注、营养配比四者之间的关系，解决味型设计与酱汁菜肴的转化工艺问题。

③热菜菜肴工艺设计。要解决炒制工艺、烧制工艺、蒸制工艺、扒制工艺、炖制工艺、烤制工艺六大品种问题。要把握设备结构、工艺导入、酱汁菜肴、持续出品四者之间的关系，解决设备结构与热菜工艺的匹配设计问题。

（3）味型组合差异设计

①单一味型度的定义。要解决酸味味型、甜味味型、苦味味型、辣味味型、咸味味型、鲜味味型六大品类问题。要把握单一味型、味道强烈、用度标注、复合调味四者之间的关系，解决味型定义与度的标注的匹配设计问题。

②复合味型指标定义。要解决麻辣味型、酸辣味型、咸鲜味型、酱香味

型、豉香味型、鱼香味型六大品类问题。要把握单一味型、基本味型、母体味型、复合味型四者之间的关系，解决味型复合与味道复合的匹配设计问题。

③组合味型混搭定义。要解决菜系味型、菜系混搭，中式味型、中外混搭，民族味型、味型混搭六大原理问题。要把握菜系混搭、中外混搭、民族混搭、风味混搭四者之间的关系，解决味型组合与味型综合的混搭设计问题。

2. 面点汤菜味型工艺

关键词：面点馅心味型工艺、汤菜汤头味型工艺、本味设计鲜味设计。

（1）面点馅心味型工艺

①面点馅心味型设计。要解决水发面团、油制面团、起酥面团，咸鲜味型、酱香味型、甜味味型六大原理问题。要把握面团制作、馅心制作、味型设计、熟化制作四者之间的关系，解决面皮设计与馅心味型的熟化工艺问题。

②饭点炒香味型设计。要解决原料配置、熟化打底，原料切配、酱汁设计，火功炒制、锅气香气六门功课问题。要把握饭点制作、品类设计、味型设计、呈现设计四者之间的关系，解决饭点组合与炒制工艺的匹配设计问题。

③粉面浇头味型设计。要解决拌面浇头、汤面浇头、炒面浇头、拌粉浇头、汤粉浇头、炒粉浇头六项设计问题。要把握粉面打底、干拌浇头、粉面炒制、炒香浇头四者之间的关系，解决粉面打底与浇头配合的匹配设计问题。

（2）汤菜汤头味型工艺

①咸鲜味型汤菜设计。要解决蔬菜鲜味、肉类鲜味、禽类鲜味、海鲜鲜味、菌类鲜味、豆类鲜味六门功课问题。要把握不同品类、鲜味元素、咸鲜味型、汤菜设计四者之间的关系，解决呈鲜物质与咸鲜汤菜的本味设计问题。

②鲜味味型底汤设计。要解决无鸡不鲜、无鸭不香，肘子醇厚、棒骨浓稠，蔬菜煮制、香料配置六种组合问题。要把握汤头设计、鲜味设计、浓缩设计、稀释设计四者之间的关系，解决底汤制作与鲜味锁定的配置设计问题。

③炖煮味型原味设计。要解决银耳炖煮、红枣枸杞、雪梨木瓜，例汤煲制、靓汤蒸制、煨汤定制蒸炖组合问题。要把握蒸制工艺、炖煮工艺、煲制煨制、本味设计四者之间的关系，解决原始、纯粹、本味锁定体验设计问题。

（3）本味设计鲜味设计

①原料生鲜鲜味设计。要解决根茎蔬菜、叶类蔬菜，肉类原料、禽类原料，海鲜原料、藻类原料鲜味锁定问题。要把握原料生鲜、原料组合、原料熟化、鲜味复合四者之间的关系，解决原料本味与原料复合的鲜味设计问题。

②干货涨发鲜味设计。要解决干菜涨发、干贝涨发、鲍鱼涨发、海参涨发、鱿鱼涨发、燕窝涨发鲜味锁定问题。要把握涨发过程、工艺设计、洗涤清理、底汤留底四者之间的关系，解决干货涨发与鲜味锁定的配置设计问题。

③菌类组合鲜味设计。要解决浓香味型、清香味型、淡香味型、干菌味型、鲜菌味型、组合味型配置原理问题。要把握干菌呈鲜、鲜菌呈鲜、组合呈鲜、复合呈鲜四者之间的关系，解决菌类组合与汤头匹配的对标设计问题。

3. 小吃饮品味型工艺

关键词：小吃品类味型工艺、饮品品类味型工艺、小吃餐单饮品饮单。

（1）小吃品类味型工艺

①香粥小面米粉味型。要解决香粥本味、煲粥调味，小面组合、味型差异，米粉汤底、浇头设计六大问题。要把握本味设计、调味设计、味型组合、味型差异四者之间的关系，掌握底汤设计与浇头设计的匹配原理问题。

②香包饺子锅贴味型。要解决香包馅心、咸鲜酱香，饺子馅心、味料蘸料，锅贴馅心、煎香面皮六大问题。要把握面皮设计、馅心设计、蘸汁设计、香料设计四者之间的关系，解决香包饺子与锅贴馅心的味型配置问题。

③炒饭扒餐蒸碗味型。要解决饭点炒制、复合味型，扒餐扒制、酱汁复合，蒸碗蒸制、酱香味型六大问题。要把握饭点炒香、扒餐调香、蒸碗酱香、味型呈现四者之间的关系，解决工艺技法与味型锁定的匹配设计问题。

（2）饮品品类味型工艺

①自制饮品味型工艺。要解决鲜榨工艺、原味复合，微压破壁、咸鲜锁定，蔬菜水果、乳香设计六大问题。要把握工艺选择、设备选择、配方设计、味型设计四者之间的关系，解决选题广泛与味型配置的配方设计问题。

②蒸炖熬煮味型工艺。要解决蒸制工艺、炖制工艺、煮制工艺，咸鲜

味型、本味味型、鲜味复合六大问题。要把握工艺设计、技法设计、本味设计、鲜味复合四者之间的关系，解决工艺技法与本味鲜味的转化设计问题。

③豆浆乳品味型工艺。要解决豆浆鲜味、乳品鲜味、豆奶鲜味，豆浆复合、乳品复合、乳果复合六大问题。要把握豆浆味型、乳品味型、豆乳味型、乳果味型四者之间的关系，解决本味设计与复合味型的配方配比问题。

（3）小吃餐单饮品饮单

①小吃档口餐单设计。要解决品类组合、品种组合，味型组合、工艺组合，动线设计、效率设计六大问题。要把握小吃档口、品类为王、品种组合、味型差异四者之间的关系，解决小吃档口与适度多样的选择设计问题。

②水吧档口饮单设计。要解决茶饮设计、咖啡设计、果茶设计，微压破壁、炖煮设计、酒水设计六大问题。要把握茶饮咖啡、豆浆豆奶、果茶鲜榨、炖煮破壁四者之间的关系，解决工艺技法与品类组合的匹配设计问题。

③产品呈现交易设计。要解决托盘设计、餐具设计、品相设计，冷饮饮杯、热饮饮杯、冰激凌杯六大问题。要把握颜值设计、品相设计、餐具设计、包装设计四者之间的关系，解决颜值品相与堂食外卖的交易设计问题。

（三）健康食堂餐单设计

本节专题“健康食堂餐单设计”，包括壹周餐单提前设计、工艺文件定量设计、营养配餐标注设计内容精要以及关键词分析。

1. 壹周餐单提前设计

关键词：包房零点餐单设计、小吃简餐餐单设计、自助饮品餐单设计。

（1）包房零点餐单设计

①包房餐单套餐设计。要解决商务宴请、公务宴请、交往宴请，餐标设计、主题设计、餐单设计六大问题。要把握宴会团队、烹饪打理、套餐选

择、互补设计四者之间的关系，解决包房餐单与提前设计的前置管理问题。

②零点餐单零点定制。要解决主打菜肴、口味菜肴、滋味菜肴，菜式设计、工艺技法、味型设计六大问题。要把握商务交往、朋友小聚、小菜小酒、性价之比四者之间的关系，解决零点餐单与零点定制的实现问题。

③正餐餐单设计注意。要解决包房餐单、中份菜肴，零点餐单、小份菜肴，菜量设计、价格设计六大问题。要把握包房十人、零点四人、菜量设计、价位设计四者之间的关系，解决正餐餐单与份量设计的匹配管理问题。

（2）小吃简餐餐单设计

①小吃品类组合设计。要解决小面品类、米粉品类，香包品类、饺子品类，炒饭品类、蒸碗品类组合问题。要把握档口设计、品类设计、品种组合、互补设计四者之间的关系，解决品类选择与品种组合的数量边界问题。

②简餐呈现亮点设计。要解决小吃产品、轻餐呈现，自助餐饮、轻奢实现，计算重量、标注营养六大问题。要把握休闲产品、轻餐代餐、功能饮食、清真素食四者之间的关系，解决适度多样与营养均衡的匹配管理问题。

③小吃简餐轻餐设计。要解决小吃餐单、品类极简、品种延展，自助餐单、周为单位、适度多样六大问题。要把握小吃档口、创新设计、自助餐饮、创新逻辑四者之间的关系，解决业态设计与业种设计的匹配管理问题。

（3）自助饮品餐单设计

①团餐自助餐单设计。要解决自助餐饮、菜式设计，自助自选、可繁可简，分量标注、营养标注六大问题。要把握酒店自助、中餐自助、团餐自助、自助自选四者之间的关系，解决适度多样与浪费规避的规则设计问题。

②饮品组合餐单设计。要解决茶饮设计、咖啡设计，甜品设计、乳品设计，熬煮炖品、鲜榨破壁六大问题。要把握品类设计、设备配置、营养标注、指标适度四者之间的关系，解决饮品组合与饮食秩序的匹配设计问题。

③自助饮品功力设计。要解决自助餐单、轻餐简餐、适度多样，酒水设计、冷饮热饮、咖啡茶饮六大问题。要把握饮在前面、食在后面、餐前餐中、餐后匹配四者之间的关系，解决自助餐单与饮单酒单的匹配设计问题。

2. 工艺文件定量设计

关键词：主料辅料定量设计、味料小料定量设计、食材酱汁定量设计。

（1）主料辅料定量设计

①主料投量比例设计。要解决主料食材、加工设计、切配设计、称重设计、投料比例、分量标注六大问题。要把握出成比例、净料比例、应产比例、成本指标四者之间的关系，解决主料为主与分量标注的匹配设计问题。

②辅料辅助重量占比。要解决适度多样、营养均衡，烹饪美学、色彩设计，膳食纤维、口感设计六大问题。要把握辅料为辅、陪衬设计、烘托设计、适度多样四者之间的关系，解决辅料占比与营养均衡的匹配设计问题。

③主料辅料称重设计。要解决主料投量、主料称重，辅料投量、辅料称重，主料为主、辅料为辅六大问题。要把握分量设计、比例设计、配餐设计、营养均衡四者之间的关系，解决主料辅料与主辅关系的匹配设计问题。

（2）味料小料定量设计

①现场调味味料控制。要解决现场烹饪、现场调味，火力控制、熟化控制，火候控制、调味顺序六大问题。要把握经验烹饪、现场调味、匠心修炼、依靠技艺四者之间的关系，解决现场调味与投料比例的匹配设计问题。

②现场烹饪小料秩序。要解决香葱鲜姜、味型释放，花椒大料、味型复合，辣椒料酒、烹饪原理六大问题。要把握油温设计、小料放置、顺序秩序、味油设计四者之间的关系，解决小料品类与投放顺序的匹配设计问题。

③调味小料定量设计。要解决烹调释义、调味顺序、复合调味，小料投放、油温配合、投放顺序六大问题。要把握调味工艺、菜肴灵魂、小料投放、香味设计四者之间的关系，解决调味工艺与小料秩序的匹配设计问题。

（3）食材酱汁定量设计

①食材总量称重设计。要解决主料投放、分量称重，辅料投放、比例数据，小料投放、基础数据六大问题。要把握入口成本、计算依据、成本水平、透明设计四者之间的关系，解决告别模糊与精准烹饪的匹配设计问题。

②酱汁配方重量设计。要解决餐料品类、称重设计，投放比例、配方

设计，熟化过程、设备选择六大问题。要把握配方设计、投料比例、熟化过程、核心工艺四者之间的关系，解决冷菜味汁与热菜酱汁的批量设计问题。

③食材酱汁配比设计。要解决食材投量、酱汁投量，工艺流程、数量配比，火功灶功、锅气香气六大问题。要把握食材健康、酱汁安全、配比适度、营养标注四者之间的关系，解决数据定量与精益料理的匹配设计问题。

3. 营养配餐标注设计

关键词：单品称重标注设计、营养元素标注设计、配餐比例标注设计。

（1）单品称重标注设计

①单份菜肴称重标注。要解决包房菜肴、位菜设计，零点菜肴、小炒设计，单份菜肴、称重设计六大问题。要把握适度标准、数据比例、成本控制、定价依据四者之间的关系，解决工艺手艺与定量管理的复合设计问题。

②组合菜肴称重标注。要解决批量制作、组合数据，批量投料、总体数据，批量出品、单份数据六大问题。要把握数量定义、批量控制、数量称重、单份数据四者之间的关系，解决菜肴组合与单份数据的分割设计问题。

③称重标注总量参照。要解决主料称重、辅料称重、小料称重，总量标注、单份标注、成本核算六大问题。要把握每份菜肴、每个环节、称重设计、数据精确四者之间的关系，解决称重设计与成本控制的匹配管理问题。

（2）营养元素标注设计

①蛋白脂肪元素标注。要解决植物蛋白、动物蛋白、每餐数据，植物油脂、动物油脂、进食比例六大问题。要把握优质蛋白、健康数据、油脂控制、进食数据四者之间的关系，解决蛋白元素与脂肪元素的均衡设计问题。

②碳水纤维元素标注。要解决热量来源、比例数据，纤维组合、能量设计，碳水为主、纤维为辅六大问题。要把握碳水元素、摄取数据、纤维元素、均衡搭配四者之间的关系，解决国人体质与饮食习惯的匹配设计问题。

③维生素矿物质标注。要解决微量元素、食材摄取，阳光照射、适度运动，匹配设计、均衡设计六大问题。要把握维生素、矿物质、数量指标、比例数据搭配四者之间的关系，解决食材认知与营养原理的匹配设计问题。

（3）配餐比例标注设计

①主料辅料配餐标注。要解决主料投量、营养标注，辅料投量、均衡标注，营养指标、配餐实现六大问题。要把握单一食材、营养标注、综合食材、营养叠加四者之间的关系，解决营养标注与配餐实现的匹配设计问题。

②味料小料配餐标注。要解决单份味料、安全指标，单份小料、营养含量，味料小料、营养健康六大问题。要把握味料小料、配制依据、理化检测、健康数据四者之间的关系，解决味料小料与健康数据的匹配设计问题。

③主料酱汁配比标注。要解决食材投量、酱汁投量，合成过程、精准数据，熟化工艺、锅气香气六大问题。要把握食材投量、酱汁投量、营养标注、打印数据四者之间的关系，解决食材酱汁与基础数据的匹配设计问题。

五　健康食堂服务设计
——服务体验重构

健康食堂服务设计是商业模式三大要素的关键内容。因为环境是重要因素、服务是关键因素、产品是决定因素，伴随着团餐模式从食堂到餐厅再到广场的三次升级，食堂服务也要打造精简、高效、体验逻辑。

传统食堂服务低效，智能食堂效率晋级，健康食堂体验升级。服务环境、服务设计、服务体验是匹配设计、运营设计、体验设计的集合。健康食堂目标设计倒推服务环境、服务流程、服务体验持续优化升级。

（一）健康食堂服务优化

本节专题“健康食堂服务优化”，包括服务体系单元设计、服务体系岗位设计、服务体系工作设计内容精要以及关键词分析。

1. 服务体系单元设计

关键词：服务单元精简设计、服务动线持续梳理、服务环节链接设计。

（1）服务单元精简设计

①服务单元优化设计。要解决客务单元、服务单元、传菜单元、水吧单元、收银单元、清洁单元六大体系设计问题。要把握业态特点、单元优化、环节极简、整合设计四者之间的关系，解决单元合并与功能整合的优化设计问题。

②服务单元责任设计。要解决经济责任、领班担责，岗位责任、人员担责，责任约束、责任管理六大问题。要把握单元责任、岗位责任、责任制度、问责设计四者之间的关系，解决单元责任与岗位责任的匹配设计问题。

③服务单元评价设计。要解决单元设计、单元评价，岗位设计、岗位评价，追责管理、评价反馈六大问题。要把握工作设计、工作指导、工作评价、工作反馈闭环管理，解决没有评价就没有管理的认知命题。

（2）服务动线持续梳理

①顾客动线精准设计。要解决进入食堂、防疫洗手、拿取餐具，冷菜热菜、面点汤菜、水果饮品取餐流程六大问题。要把握落座用餐、台卡设计、味汁设计、餐后打理四者之间的关系，解决选餐流程与用餐流程的链接设计问题。

②服务动线精准设计。要解决人脸识别、客服服务、自助服务、档口服务、饮品服务、营养标注服务设计问题。要把握顾客动线、服务动线、匹配设计、链接设计四者之间的关系，解决顾客动线与服务动线的匹配设计问题。

③厨务动线精准设计。要解决预估预货、预制出品、周转管控，持续出

品、稳定出品、及时沟通六大厨务问题。要把握用餐人数、周转次数、持续出品、质量控制四者之间的关系，解决顾客、服务、厨务动线链接设计问题。

（3）服务环节链接设计

①预订领位链接设计。要解决商务宴请、公务宴请、生日宴请，零点套餐、功能套餐、病号套餐六大订制程序问题。要把握宴请领位、零点领位、清真指引、素食指引四者之间的关系，解决预订环节与领位环节的工作安排问题。

②点餐上菜链接设计。要解决商务点餐、公务点餐、生日点餐，起菜传菜、上菜落菜、加菜减菜六大问题。要把握自主点菜、合作点菜、传菜上菜、加菜退菜四者之间的关系，解决点菜环节与上菜环节的链接设计问题。

③水吧收银链接设计。要解决饮品设计、甜品设计、酒水设计，智能收银、刷卡收银、现金收银六大问题。要把握冷饮热饮、酒水甜品、餐前埋单、餐后埋单四者之间的关系，解决水吧环节与收银环节的链接设计问题。

2. 服务体系岗位设计

关键词：服务岗位设计依据、服务岗位应岗设计、服务岗位轮岗设计。

（1）服务岗位设计依据

①自助餐饮岗位设计。要解决市前准备、准时开启，市中跟进、补餐设计，市后清洁、工作总结六大问题。要把握商务自助、低度接触、周转设计、补餐设计四者之间的关系，解决岗位设计与工作设计的执行问题。

②小吃档口岗位设计。要解决预估预货、备餐设计，准时开启、刷卡交易，持续出品、出品效率六大问题。要把握时间约定、出品速率、人效坪效、顾客满意四者之间的关系，解决产品组合与人员配置的匹配设计问题。

③零点饮品岗位设计。要解决商务零点、聚餐零点、现炒零点，冷饮热饮、甜品乳品、酒水设计六大问题。要把握零点餐饮、零点自选、饮单设计、饮品组合四者之间的关系，解决零点模式与饮品组合的匹配设计问题。

（2）服务岗位应岗设计

①入职训练应岗训练。要解决员工入职、入职训练，岗位划分、应岗训练，应知考核、应做考核六大问题。要把握正式员工、小时员工、训练手

册、训练实施四者之间的关系，解决工作指导与自我学习的匹配设计问题。

②见习训练转正训练。要解决应知通过、应做通过，岗位见习、带教指导，工作评价、转正程序六大问题。要把握岗位见习、独立操作、工作指导、经验积累四者之间的关系，解决应岗训练与胜岗训练的匹配设计问题。

③星级训练升迁训练。要解决一星训练、基础作业，二星训练、专业作业，三星训练、职业作业六大问题。要把握基础作业、专业作业、职业作业、梯级训练四者之间的关系，解决入职离职与终生训练的匹配设计问题。

（3）服务岗位轮岗设计

①单一岗位专业能手。要解决客务岗位、服务岗位、传菜岗位、水吧岗位、收银岗位、清洁岗位六大问题。要把握单一岗位、应岗训练、胜岗训练、星级训练四者之间的关系，解决应岗胜岗与专业能手的匹配设计问题。

②多元岗位复合人才。要解决客务轮岗、服务轮岗、传菜轮岗、水吧轮岗、收银轮岗、清洁轮岗六大问题。要把握多面能手、复合人才、便于顶岗、便于排班四者之间的关系，解决复合人才与多面能手的匹配设计问题。

③横向发展纵向升迁。要解决单一岗位、胜岗训练，多元岗位、轮岗训练，横向发展、纵向升迁六大问题。要把握员工阶段、多面能手、领班阶段、横向发展四者之间的关系，解决横向发展与纵向升迁的路径设计问题。

3. 服务体系工作设计

关键词：客务服务工作设计、传菜清洁工作设计、收银水吧工作设计。

（1）客务服务工作设计

①客务服务角色扮演。要解决预订下单、迎领服务、投诉处理，活动主持、交易推进、送客服务六大问题。要把握客服极简、工作设计、服务极简、工作执行四者之间的关系，解决客务角色与服务角色的转化设计问题。

②自助档口服务角色。要解决自助餐饮、动线设计、交易设计，档口小吃、动线设计、交易设计六大问题。要把握自助餐饮、主力形态、档口小吃、辅助形态四者之间的关系，解决自助餐饮与档口小吃的互补设计问题。

③送客埋单兼职角色。要解决客务送客、自助送客、小吃送客，客务

预订、自助埋单、档口埋单六大问题。要把握客务送客、岗位送客、客务预订、岗位埋单四者之间的关系，解决专业角色与兼职角色的转化关系问题。

（2）传菜清洁工作设计

①内传外传落菜工作。要解决厨房出品、打荷梳理，划菜设计、传菜设计，交接设计、落菜设计六大问题。要把握内传作业、划菜作业、传菜作业、落菜作业四者之间的关系，解决传菜作业与落菜作业的规则设计问题。

②每日定期随时清洁。要解决开市收市、每日清洁，约定时间、定期清洁，工作过程、随时清洁六大问题。要把握制度设计、表单设计、工作设计、责任设计四者之间的关系，解决清洁作业与执行设计的匹配问题。

③传菜清洁协同工作。要解决内传作业、划菜作业、外传作业，环境清洁、设备设施、工具用具六大问题。要把握传菜作业、流程设计、清洁作业、工作设计四者之间的关系，解决传菜作业与清洁作业的岗位设计问题。

（3）收银水吧工作设计

①餐台款台线上收银。要解决餐台收银、规则设计，款台收银、票据设计，线上收银、支付设计六大问题。要把握餐台收银、款台收银、线上收银、规则设计四者之间的关系，解决收银形式与收银效率的匹配设计问题。

②酒水饮品甜品设计。要解决酒类设计、产品组合，冷饮设计、热饮设计，甜品设计、乳品设计六大问题。要把握饮单设计、饮品组合、健康饮品、结构设计四者之间的关系，解决饮品设计与食品设计的组合设计问题。

③智能收银智能水吧。要解决人脸识别、一卡消费、赠送折扣，盘点设计、账簿管理、销售管理六大问题。要把握智力赋能、效率升级、精准作业、追溯管理四者之间的关系，解决智能收银与智能水吧的效率升级问题。

（二）健康食堂智能导入

本节专题“健康食堂智能导入”，包括服务现场智能导入、服务督导智能导入、顾客档案智能导入内容精要以及关键词分析。

1. 服务现场智能导入

关键词：通勤作息数据导入、人脸识别智能导入、称重标注智能导入。

（1）通勤作息数据导入

①出勤统计用餐数据。要解决出勤统计、数据转化、用餐人数，早餐数据、午餐数据、晚餐数据六大问题。要把握通勤打卡、作息统计、出勤人数、用餐人数四者之间的关系，解决智能考勤与用餐人数的对标管理问题。

②预估预货生产管理。要解决用餐人数、饭市设计，营业预估、预货管理，生产组织、制售管理六大问题。要把握用餐人数、营业预估、投料预货、生产管理四者之间的关系，解决营业预估与生产组织的匹配管理问题。

③饭市设计人员管理。要解决早市设计、午市设计、晚市设计，用餐人数、工作人员、管理人员配置问题。要把握营业预估、人数预估、工作人员、管理人员四者之间的关系，解决饭市设计与灵活用工的匹配管理问题。

（2）人脸识别智能导入

①人体称重数据管理。要解决人脸识别、人体称重、档案存储，数据读取、标准体重、对标管理六大问题。要把握称重管理、体重管理、用餐管理、健康管理四者之间的关系，解决人脸识别与称重管理的作用分析问题。

②用餐背书统计数据。要解决人脸识别、资质辨认、工作人员、管理人员、招待人员、宴请人员辨析问题。要把握内部食堂、工作餐饮、优惠补贴、顾客统计四者之间的关系，解决人脸识别与数据统计的精准数据问题。

③顾客档案数据提取。要解决人脸识别、档案提取，关键指标、档案数据，营养配餐、认知指导六大问题。要把握顾客档案、基础数据、健康饮食、数据管理四者之间的关系，解决进食数量与营养均衡的匹配关系问题。

（3）称重标注智能导入

①食品称重数据价值。要解决单份菜肴、称重数据，总体菜肴、数据统计，主食控制、营养均衡六大问题。要把握菜肴称重、营养标注、档案管理、健康管理四者之间的关系，解决身高体重与菜肴称重的进食管理问题。

②营养标注数据价值。要解决碳水元素、蛋白元素、脂肪元素、纤维

元素、微量元素、水分元素六大问题。要把握单份菜肴、营养标注、菜品组合、营养均衡四者之间的关系，解决营养标注与营养均衡的健康管理问题。

③顾客健康数据管理。要解决免疫能力、体脂比例、身高体重，血压血脂、血糖血红、眼睛皮肤健康数据。要把握眼部健康、颈椎脊椎、基础病症、慢性疾病四者之间的关系，解决健康饮食与健康数据的分差管理问题。

2. 服务督导智能导入

关键词：错峰用餐智能导入、堂食工位智能导入、业务行政智能导入。

（1）错峰用餐智能导入

①时段设计用餐管理。要解决二十分钟、用餐轮次，时段设计、时段管理，营业走势、现场管理六大问题。要把握错峰用餐、时段设计、走势控制、现场管理四者之间的关系，解决错峰管理与时段管理的运营管理问题。

②周转设计出品管理。要解决餐前出品、第一轮次，餐中出品、第二轮次，补货出品、第三轮次周转问题。要把握市前出品、市中出品、市后出品、周转比例四者之间的关系，解决服务营运与厨务出品的协同管理问题。

③食安设计执行管理。要解决市前作业、清洁卫生，市中作业、安全执行，市后作业、安全检查六大问题。要把握安全设计、安全训练、安全执行、安全检查四者之间的关系，解决制度设计与工作执行的转化管理问题。

（2）堂食工位智能导入

①堂食运营现场管理。要解决市前准备、饭市开启，市中走势、现场管理，市后总结、盘点管理六大问题。要把握营业走势、工作设计、营运督导、事件管理四者之间的关系，解决饭市设计与现场管理的管控设计问题。

②工位用餐取餐管理。要解决特殊时期、错峰用餐，堂食管理、现场管理，工位用餐、取餐管理六大问题。要把握工位用餐、自己取餐、小哥送餐、餐后清洁四者之间的关系，解决工位用餐与餐后清洁的管理设计问题。

③商务用餐值台管理。要解决提前预订、接受定制，下单准备、餐单反馈，准时开启、值台管理六大问题。要把握人数餐标、习惯禁忌、菜式菜量、味型技法四者之间的关系，解决餐单设计与值台管理的智力赋能问题。

（3）业务行政智能导入

①服务营运智能导入。要解决人脸识别、准入管理，收银交易、称重管理，营养标注、配餐管理六大问题。要把握顾客动线、服务动线、出品动线、匹配设计四者之间的关系，解决流程节点与智力赋能的匹配管理问题。

②厨务营运智能导入。要解决预估预货、生产管理，出品控制、补货管理，营养配餐、成本管理六大问题。要把握接受订单、持续出品、稳定出品、品质管理四者之间的关系，解决厨房营运与智力驱动的数据管理问题。

③行政营运智能导入。要解决文件往来、仓储管理，网管监控、维保管理，公共事务、财务管理六大问题。要把握对接管理、转化落地、对内管理、支持设计四者之间的关系，解决行政作业与维度管理的对接设计问题。

3. 顾客档案智能导入

关键词：顾客档案基础数据、营养配餐推荐数据、顾客满意调研数据。

（1）顾客档案基础数据

①姓名性别年龄数据。要解决姓名资讯、籍贯标注、性别登记、年龄数据、入职期限、联系方式六大问题。要把握基本资讯、基础资料、基础数据、编号管理四者之间的关系，解决基础数据与档案管理的对接设计问题。

②身高体重职务数据。要解决身高指标、体重指标，工作岗位、职务设计，脑体消耗、劳动保护六大问题。要把握身高体重、工作性质、脑体消耗、进食数量四者之间的关系，解决身高体重与饮食管理的数据推荐问题。

③健康档案基础数据。要解决智能管理、基础数据，档案管理、数据读取，健康管理、指标管理六大问题。要把握建立档案、管理档案、管理健康、管理数据四者之间的关系，解决健康档案与数据管理的定量分析问题。

（2）营养配餐推荐数据

①营养元素标注实现。要解决碳水指标标注、蛋白指标标注、脂肪指标标注，纤维指标标注、维生素指标标注、矿物质指标标注六大问题。要把握营养元素、数量指标、合理膳食、营养均衡四者之间的关系与秩序。

②功能食品导入实现。要解决杂粮食品、营养标注，功能食品、数据

标注，轻餐代餐、热量标注六大问题。要把握基础疾病、慢性疾病、功能饮食、杂粮代餐四者之间的关系，解决基础疾病与功能食品的对接设计问题。

③健康饮品组合实现。要解决豆浆饮品、乳奶饮品、咖啡饮品、中式茶饮、果茶饮品、炖煮饮品六大问题。要把握中式饮品、西式饮品、水果饮品、菜蔬饮品四者之间的关系，解决饮品设计与营养标注的匹配设计问题。

（3）顾客满意调研数据

①菜品评价调研数据。要解决主题设计、问卷设计，锁定客群、锁定程序，礼品选择、调研统计六大问题。要把握菜式评价、口味评价、少油少盐、常吃常新四者之间的关系，解决口味习惯与适度多样的调研管理问题。

②环境满意调研数据。要解决层高采光、温度湿度，照度设计、通风防疫，家私尺度、动线设计六大问题。要把握平面设计、功能设计、尺度设计、家私设计四者之间的关系，解决环境调性与可感数据的实现管理问题。

③服务投诉调研数据。要解决线上沟通、线下交友，指示系统、用餐动线，岗位设计、工作效率六大问题。要把握岗位极简、人员优化、智力赋能、服务体验四者之间的关系，解决服务简化与服务效率的实现管理问题。

（三）健康食堂服务体验

本节专题“健康食堂服务体验”，包括顾客维系顾客管理、活动设计顾客关系、健康管理终极目的内容精要以及关键词分析。

1. 顾客维系顾客管理

关键词：线上社群交流设计、线下交友投诉处理、有效沟通管理设计。

（1）线上社群交流设计

①线上社群运营开启。要解决服务经理、线上开启，产品创新、活动设计，健康辅导、问题公示六大问题。要把握线上交流、有效沟通、问题公

示、解决问题四者之间的关系，解决线上社群与顾客维系的关系管理问题。

②网管单元支持监理。要解决线上社群、规则设计，手机直通、内容设计，有效沟通、支持设计六大问题。要把握社群运营、工作指导、社群维护、工作支持四者之间的关系，解决网管支持与社群运营的协同管理问题。

③意见领袖私下联系。要解决甲方后勤、负责专员，线上社群、意见领袖，管委成员、建议采纳六大问题。要把握后勤领导、意见领袖、管委成员、建议采纳通路设计四者之间的关系，解决线上交流与线下交友的协调问题。

（2）线下交友投诉处理

①菜品教授活动交友。要解决定期举办、菜品教授，工艺技法、灶工勺工，味型设计、菜肴评价活动设计问题。要把握菜品教授、公益设计、有效沟通、情感促进四者之间的关系，实现菜品教授与活动设计的公益目的。

②反浪费的活动交友。要解决自助餐饮、容易浪费，如何管理、成为难题，反对浪费、奖励节约六大问题。要把握达成共识、限制浪费、设计目标、有效行动四者之间的关系，解决反对浪费与共同努力的关系管理问题。

③味道失误事件处理。要解决油量控制、盐量控制、糖量控制、辣度控制、香料控制、色素控制六大问题。要把握标准设计、用度衡量、酱汁制作、味道管理四者之间的关系，解决测度仪器与定量设计的味道管理问题。

（3）有效沟通管理设计

①每周餐单提交沟通。要解决每周餐单、提前提交，原料重复、味型差异，工艺文件、营养标注六大问题。要把握周为单位、差异设计、适度标准、称重设计四者之间的关系，解决研发转化与产品设计的实现管理问题。

②甲方召集会议沟通。要解决甲方后勤、召集会议，数据盘点、业绩告知，安全提示、营运检查六大问题。要把握甲方会议、定格管理、乙方配合、解决问题四者之间的关系，解决会议形式与解决问题的事务管理问题。

③工作汇报定期沟通。要解决面谈汇报、文件汇报、数据汇报，计划执行、问题分析、行动方案六大问题。要把握面谈沟通、文件沟通、进度沟通、数据沟通四者之间的关系，解决工作汇报与定期沟通的通路管理问题。

2. 活动设计顾客关系

关键词：会员制的活动设计、健康俱乐部的管理、抱怨处理投诉处理。

（1）会员制的活动设计

①会员用餐折扣设计。要解决固定顾客、会员管理、折扣设计、暗补设计、福利设计、用餐统计六大问题。要把握团体膳食、补贴设计、会员管理、福利管理四者之间的关系，解决会员管理与优惠独享的福利管理问题。

②入口成本设计依据，要解决主料投入、辅料投入、味料投入，租金给付、设备折旧、能源消耗六大问题。要把握行业规则、成本水平、投量公开、采购公示四者之间的关系，解决入口成本与良心品质的管控设计问题。

③一站式的消费设计。要解决人脸识别、餐线取餐、档口取餐、水吧取餐、外带取餐、超市消费六大问题。要把握智能导入、消费便利、交易过程、效率升级四者之间的关系，解决一卡设计与一站消费的管理设计问题。

（2）健康俱乐部的管理

①器械健身球类健身。要解决器械健身、跳绳健身、乒乓球类、瑜伽健身、操类健身、踢毽健身六大品类问题。要把握组织设计、规则设计、健康管理、爱好管理四者之间的关系，解决兴趣爱好与健身管理的活动设计问题。

②跑步健身操类健身。要解决快走健身、跑步健身、动感骑车、瑜伽健身、操类健身、太极健身六大品类问题。要把握不同年龄、不同性别、不同体质、不同基础四者之间的关系，解决不同年龄与不同性别的健康管理问题。

③轻餐素食杂粮健身。要解决素食养生、轻餐养生、功能食品、杂粮养生、食量控制、消耗补充六类问题。要把握食材理解、食疗理解、营养理解、健康理解四者之间的关系，解决营养均衡与量少而精的健康管理问题。

（3）抱怨处理投诉处理

①抱怨处理解决技术。要解决菜肴温度、菜肴品相，餐具清洁、餐台清洁，温度湿度、用餐指示六大细节问题。要把握顾客不满、顾客抱怨、抱怨处理、解决问题四者之间的关系，解决第一时间与解决问题的效率管理问题。

②投诉处理转危为机。要解决仔细倾听、听懂含义，复述问题、把握要

点，解决方案、达成共识六大细节问题。要把握抱怨升级、投诉处理、危机管理、转为危机四者之间的关系，解决处理程序与训练设计的执行管理问题。

③危机处理案例教育。要解决停水处理、停电处理、停气处理、没有Wi-Fi、吃出异物、餐具不洁六大问题。要把握危机判断、应对方案、分工协作、解决问题四者之间的关系，解决危机训练与解决问题的能力培育问题。

3. 健康管理终极目的

关键词：营养配餐数据精益、食材学食疗学落地、生理心理体脂免疫。

（1）营养配餐数据精益

①主料辅料投料称重。要解决单份菜肴、主料投量、辅料投量、称重设计、主料辅料、比例设计六大问题。要把握食材投量、出成比例、净料比例、成本数据四者之间的关系，解决投量比例与营养元素的配比管理问题。

②味料小料投料称重。要解决单份菜肴、味料投量、小料投量、称重设计、告别模糊、走向精确六大问题。要把握酱汁制作、味汁制作、标准导入、烹调分离四者之间的关系，解决热菜酱汁与冷菜味汁的称重设计问题。

③食材酱汁投料比重。要解决单份菜肴、食材投量、酱汁投量、二者配比、工艺流程、熟化处理六大问题。要把握食材重量、酱汁重量、二者配比、熟化工艺四者之间的关系，解决分段加工与一次成型的锅气香气问题。

（2）食材学食疗学落地

①不同季节吃什么蔬菜。要解决芽类菜肴、叶类菜肴、包类菜肴、根茎菜肴、菌类菜肴、干菜菜肴六大问题。要把握不同季节、应季蔬菜、一年四季、以鲜为主四者之间的关系，解决蔬菜比例与纤维元素的配比管理问题。

②肉蛋奶豆吃什么比例。要解决肉类比例、蛋类比例，乳品比例、豆类比例，不同年龄、数据说话六大问题。要把握植物蛋白、动物蛋白、数据设计、均衡设计四者之间的关系，解决营养元素与配比关系的养生管理问题。

③控油控盐控糖设计。要解决吃什么油、用油指标，吃什么盐、摄入指标，吃什么糖、习惯控制六大问题。要把握何为少油、何为少盐、何为少糖、指标控制四者之间的关系，解决口味习惯与健康饮食的养生管理问题。

（3）生理心理体脂免疫

①食育教育广宣设计。要解决一日三餐、进食比例，营养元素、均衡设计，少油少盐、称重设计六大问题。要把握食材知识、营养知识、食疗知识、养生知识四者之间的关系，解决营养教育与认知管理的导入设计问题。

②食商指标培育设计。要解决懂得食材、懂得烹饪、懂得美味、懂得营养、懂得食疗、懂得礼仪六大要点问题。要把握美食享受、美食交往、美食礼仪、美食自律四者之间的关系，解决食商能力与美食自律的培育管理问题。

③免疫力体脂率分析。要解决合理饮食、深度睡眠、科学运动，体质指数、计算公式、基础代谢六大要点问题。要把握生理免疫、心理免疫、体脂比率、基础代谢四者之间的关系，解决免疫能力与体脂比率的健康管理问题。

六　健康食堂营运体系
——基础文件设计

环境设计是资金变资产、概念变现实、抽象变具象的实现过程。环境设计要与运营管理、资产管理、维护保养匹配，才是健康食堂体系化营建。这是软体打造，要通过基础文件生成纸面实力。

餐饮企业基础文件，即规则、规范、规定发文，大多出自营运、人力、财务、办公部门。本章以项目运营为主线，整合组织架构、制度体系、流程细则、表格单据、智力赋能，生成工作指南与操作依据。

（一）健康食堂服务营运

本节专题“健康食堂服务营运”，包括服务组织基础文件、服务体系职务设计、服务体系工作设计3个子专题内容精要以及关键词分析。

1. 服务组织基础文件

关键词：服务体系架构模式、服务体系制度设计、服务体系工具设计。

（1）服务体系架构模式

①服务组织模式选择。要解决直线组织、极简设计，管理职位、设计依据，组织图示、人员配置六大问题。要把握组织模式、人员配置、工作执行、工作效率四者之间的关系，解决组织模式与组织效率设计等问题。

②管理层次管理跨度。要解决服务经理、服务领班、服务人员，层级精简、执行能力、工作效率六大问题。要把握层级精简、跨度依据、从上到下、三个层级四者之间的关系，解决管理层次与管理跨度设计等问题。

③分工协作提升效率。要解决对上对下、对内对外、平级协调，管理维度、管理跨度、管理效率六大问题。要把握角色定位、职务定位、工作定位、链接定位四者之间的关系，解决分工协作与团队合作关系等问题。

（2）服务体系制度设计

①服务体系基本制度。要解决作息制度、奖惩制度、员工守则、员工餐饮、工资制度、福利制度六大问题。要把握基本制度、企业宪法、都要执行、没有豁免四者之间的关系，解决基本制度与首要定位关系等问题。

②服务体系工作制度。要解决服务体系、工作单元、工作岗位，厨务体系、工作单元、工作岗位六大问题。要把握专业制度、单元执行、岗位作业、上级评价四者之间的关系，解决分工协作与专业管理关系等问题。

③服务体系责任制度。要解决经济责任、岗位责任、归责设计、担责

设计、追溯管理、业绩管理六大问题。要把握经济责任、部门承担，岗位责任、个人承担四者之间的关系，解决部门责任与个人责任担责等问题。

（3）服务体系工具设计

①服务体系营运手册。要解决营运模式、营运流程、组织架构、职务说明、制度设计、工具设计六大问题。要把握开铺打烊、时间设计、流程设计、方法工具四者之间的关系，解决营运规则与规范设计执行等问题。

②服务体系管理手册。要解决营运管理、值班管理、管理手册、训练手册、业务管理、行政管理六大问题。要把握营运管理、值班管理、训练管理、整合运用四者之间的关系，解决精益管理与细则指导匹配等问题。

③服务体系训练手册。要解决服务值班、厨务值班、行政值班，自己研修、脱产学习、考试见习六大问题。要把握职务说明、工作设计、工作指导、考核见习四者之间的关系，解决梯级训练与梯级升迁培育等问题。

2. 服务体系职务设计

关键词：服务体系职务说明、服务值班训练考核、服务体系值班管理。

（1）服务体系职务说明

①服务经理职务说明。要解决工作分析、职务设计，工作设计、工作范围，资质设计、业绩评价六大问题。要把握服务经理、职务设计、职务说明、工作设计四者之间的关系，解决做什么、如何做、怎样评价等问题。

②服务副理职务说明。要解决职务备份、常态作业，值班经理、角色转化，职务设计、工作设计六大问题。要把握服务副理、常态作业、角色转化、以赛代练四者之间的关系，解决职务备份与人才培育的体系问题。

③服务领班职务说明。要解决工作分析、工作设计、基础管理，自己作业、支持作业、督导管理六大问题。要把握角色转化、工作细分、作业能力、管理能力四者之间的关系，解决领班角色的工作设计与评价问题。

（2）服务值班训练考核

①服务值班手册训练。要解决专业管理、训练管理、业务管理、行政管理、课堂研修、岗位见习六大问题。要把握自己研修、脱产学习、纸面考

试、线下见习四者之间的关系，解决专业管理、脱产学习、考核晋级问题。

②服务值班训练考核。要解决专业手册、专业教师、专门时间、专门辅导、专业考核、职务见习六大问题。要把握训练手册、梯级训练、训练考核、实操见习四者之间的关系，解决管理手册、训练手册整合运用问题。

③服务值班见习升迁。要解决考核通过、岗位见习、带教指导、评价管理、胜任职位、职务晋级六大问题。要把握考试能力、实操能力、职务见习、职务晋级四者之间的关系，解决薪酬给付配套设计问题。

（3）服务体系值班管理

①服务值班闭环管理。要解决计划开启、日志结束，饭市管理、现场管理，事件应对、解决问题六大问题。要把握计划设计、计划执行、计划评价、计划反馈四者之间的关系，每个饭市结束后要做总结、提炼、升华。

②服务值班业务管理。要解决检巡管理、计划调整、晨会主持，市前管理、市中管理、市后管理六大问题。要把握业务值班、创造业绩，把握走势、提升效率四者之间的关系，业务值班要把握走势与数据的动态平衡。

③服务值班行政管理。要解决预估预货、排班管理、训练管理、资产管理、安全保全、财务管理六大问题。要把握行政管理、价值创造、资源管理、支持体系四者之间的关系，以解决智力赋能与专业管理运行等问题。

3. 服务体系工作设计

关键词：服务体系岗位说明、服务体系工作细则、服务岗位作业管理。

（1）服务体系岗位说明

①工作单元设计依据。要解决客务单元、服务单元、收银单元、水吧单元、清洁单元、档口单元六大问题。要把握自助餐饮、小吃档口、商务零点、饮品设计四者之间的关系，解决业种组合与单元设计关系等问题。

②工作岗位设计依据。要解决工作分析、岗位说明、工作指导，工作评价、专职兼职、人效坪效六大问题。要把握工作内容、岗位说明、工作指导、业绩评价四者之间的关系，解决岗位设计与人效坪效关系等问题。

③工作人员配置依据。要解决营业预估、人员排班，工时设计、工效

设计，饭市管理、业绩管理六大问题。要把握工作设计、工作指导、工作效率、工作业绩四者之间的关系，解决性格组合与团队打造的关系等问题。

（2）服务体系工作细则

①市前工作细则设计。要解决工作模式、工作流程、工作节点、工作细则、工作评价、工作纠偏六大问题。要把握流程设计、节点设计、细则设计、训练设计四者之间的关系，解决做什么、怎么做、怎样评价等问题。

②市中工作细则设计。要解决营业走势、规范设计、分工协作，顾客满意、事件应对、解决方案六大问题。要把握现场管理、动线管理、分工协作、体验管理四者之间的关系，解决现场管理与顾客体验的关系等问题。

③市后工作细则设计。要解决收市管理、清洁管理、盘点管理、日报管理、打烊管理、日志管理六大问题。要把握收市流程、打烊管理、盘点管理、财务管理四者之间的关系，解决收市管理与次日开启准备等问题。

（3）服务岗位作业管理

①市前工作岗位检查。要解决单元设计、岗位设计、人员配置，工作设计、工作指导、工作评价六大问题。要把握防疫作业、清洁卫生、工作流程、闭环作业四者之间的关系，解决市前检查与工作设计的关系等问题。

②市中工作岗位检查。要解决工时管理、工效管理、周转管理，顾客满意、分工协作、有效沟通六大问题。要把握单元分工、岗位设计、工时工效、情绪管理四者之间的关系，解决作业效率与作业准确的关系等问题。

③市后工作岗位检查。要解决收市开启、清洁作业、盘点作业、打烊作业、财务管理、日志写作六大问题。要把握工作流程、工作节点、工作标准、工作执行四者之间的关系，解决收市过程与浪费规避的关系等问题。

（二）健康食堂厨房营运

本节专题“健康食堂厨房营运”，包括厨务组织基础文件、厨务体系职务设计、厨务体系工作设计 3 个子专题内容精要以及关键词分析。

1. 厨务组织基础文件

关键词：厨务体系架构模式、厨务体系制度设计、厨务体系工具设计。

（1）厨务体系架构模式

①厨务组织模式选择。要解决直线职能、军队模式，从上到下、诉求效率，管理职位、工作分析六大问题。要把握军队组织、纵向分工、职位设计、工作执行四者之间的关系，解决模式选型与运行效率设计等问题。

②管理层次管理跨度。要解决厨务经理、厨务领班、厨务人员，单元设计、岗位设计、分工协作六大问题。要把握行政管理、技术管理、从上到下、诉求效率四者之间的关系，解决三个层级与层级负责设计等问题。

③分工协作提升效率。要解决管理职位、管理角色、工作设计，对上对下、对内对外、平级协调六大问题。要把握职务设计、工作设计、分工协作、合力产生四者之间的关系，解决角色定位与协同协作的关系等问题。

（2）厨务体系制度设计

①厨务体系基本制度。要解决入职训练、员工手册、制度学习、基本制度、基本约束、违规代价六大问题。要把握制度学习、制度工具、制度执行、违规处理四者之间的关系，解决基本制度与基本宪法的属性定义问题。

②厨务体系工作制度。要解决厨务组织、工作单元、工作岗位，行政管理、专业管理、技术管理六大问题。要把握行政内容、技术内容、管理内容、工作评价四者之间的关系，解决专业管理与技术管理的关系等问题。

③厨务体系责任制度。要解决经理责任、领班责任、人员责任，责任设计、担责设计、追责设计六大问题。要把握中层管理、基层管理、基层作业、责任链条四者之间的关系，解决经理层、领班层、人员层的担责问题。

（3）厨务体系工具设计

①厨务体系营运手册。要解决职务说明、工作指导、制度工具、表单工具、智能工具、评价工具六大问题。要把握职务设计、制度设计、工具运用、智力赋能四者之间的关系，解决厨房营运与制度体系的执行问题。

②厨务体系管理手册。要解决管理自我、管理业务、管理行政、管理团队、餐单管理、营养配餐六大问题。要把握值班管理、评价依据、发现问题、解决问题四者之间的关系，解决常态管理与事件管理的管控问题。

③厨务体系训练手册。要解决入职资质、受训资质、考核资质、横向轮岗、纵向升迁、能力资质六大问题。要把握营运规范、管理规则、训练指导、打透设计四者之间的关系，解决三本手册与通用设计的执行问题。

2. 厨务体系职务设计

关键词：厨务体系职务说明、厨务值班训练考核、厨务体系值班管理。

（1）厨务体系职务说明

①厨务经理职务说明。要解决职务设计、工作范围、业务管理、行政管理、资质管理、业绩管理六大问题。要把握工作设计、应岗训练、胜岗训练、考核见习四者之间的关系，解决职位入职与职位述职的评价问题。

②厨务副理职务说明。要解决常态管理、角色扮演，值班管理、角色设计，以赛代练、职务见习六大问题。要把握人才储备、能力培育、管理局部、管理整体四者之间的关系，解决事业发展与人才储备的制度设计问题。

③厨务领班职务说明。要解决基层管理、一线管理、做好自己、督导管理、角色转变、能力评价六大问题。要把握基础管理、考核通过、职务见习、职务晋级四者之间的关系，解决带兵能力与训导能力的匹配问题。

（2）厨务值班训练考核

①厨务值班手册训练。要解决基础管理、复习唤醒，业务管理、训练指导，行政管理、评价指导六大问题。要把握基础管理、专业管理、发展管理、训练考核四者之间的关系，解决专业研修与脱产学习的晋级问题。

②厨务值班训练考核。要解决脱产学习、工时设计，论文考核、答辩考核，实操考核、能力考核六大问题。要把握专业训练、专业指导、专业考核、职位升迁四者之间的关系，解决管理手册与训练手册的整合运用问题。

③厨务值班见习升迁。要解决纸面考核、实操考核、职位见习，教练指导、短板弥补、职务晋级六六问题。要把握职务见习、职务晋级、业绩管

理、评分管理四者之间的关系，解决职务升迁与业绩创造的评价问题。

（3）厨务体系值班管理

①厨务值班闭环管理。要解决预货用货、工艺文件、配餐管理，持续出品、组合出品、盘点补货六大问题。要把握生产组织、流程管理、细则管理、品质管理四者之间的关系，以解决饭市结束盘点与总结管理等问题。

②厨务值班业务管理。要解决时间排序、空间同步，市前管理、现场管理，市后管理、转市管理六大问题。要把握时间递延、空间继起、饭市推进、收获业绩四者之间的关系，业务管理与现场管理要运用工具指导。

③厨务值班行政管理。要解决盘点管理、申购管理、验货管理、用货管理、出品管理、成本管理六大问题。要把握物流转化、商流转化、金流转化、业绩评价四者之间的关系，以解决生产组织与持续出品效率问题。

3. 厨务体系工作设计

关键词：厨务体系岗位说明、厨务体系工作细则、厨务岗位作业管理。

（1）厨务体系岗位说明

①工作单元设计依据。要解决开生单元、切配单元、烹饪单元、打荷单元、冷菜单元、面点单元链接管理问题。要把握洗消单元、档口单元、动线设计、流程设计四者之间的关系，解决工作单元与工作岗位配置关系问题。

②工作岗位设计依据。要解决岗位设计、岗位说明、工作流程、工作节点、工作细则、工作指导六大问题。要把握岗位流程、岗位检查、厨务作业、安全卫生四者之间的关系，解决岗位设计与工作评价匹配等问题。

③工作人员配置依据。要解决营业预估、任务分派、班次设计，人员配置、饭市管理、营业预期六大问题。要把握营运管理、技术管理、出品质量、顾客满意四者之间的关系，解决技术能力与标准作业匹配等问题。

（2）厨务体系工作细则

①厨务营运市前细则。要解决岗位描述、流程优化、节点训练，工作细则、作业指导、独立操作六大问题。要把握持续出品、稳定出品、分工协作、责任追溯四者之间的关系，解决岗位设计与工作设计匹配等问题。

②厨务营运市中细则。要解决持续出品、稳定出品、高效出品，批次补货、批次制作、批次出品六大问题。要把握吃出异物、吃出异味、过咸过甜、食物温度四者之间的关系，解决稳定出品与顾客投诉的关系等问题。

③厨务营运市后细则。要解决营业走势、收市启动、盘点管理、码放管理、清洁管理、日报管理六大问题。要把握流程设计、规范设计、浪费管理、财务管理四者之间的关系，解决收市管理与次日开启衔接等问题。

（3）厨务岗位作业管理

①市前工作岗位检查。要解决开生检查、切配检查、烹饪检查、打荷检查、冷菜检查、面点检查六大问题。要把握洗消检查、档口检查、流程设计、细则设计四者之间的关系，解决工作岗位与市前执行的关系等问题。

②市中工作岗位检查。要解决岗位出品、称重验收、初熟管理、熟化管理、打荷管理、出品管理六大问题。要把握分量称重、品质评价、品相设计、温度保持四者之间的关系，解决持续出品与品质管理的关系等问题。

③市后工作岗位检查。要解决物资盘点、码放管理、环境清洁，资产管理、成本核算、财务管理六大问题。要把握成本水平、费用水平、分差管理、损益管理四者之间的关系，解决任务指标与业绩实现的关系等问题。

（三）健康食堂行政营运

本节专题“健康食堂行政营运”，包括行政组织基础文件、行政体系职务设计、行政体系工作设计 3 个子专题内容精要以及关键词分析。

1. 行政组织基础文件

关键词：行政体系架构模式、行政体系制度设计、行政体系工具设计。

（1）行政体系架构模式

①行政组织模式选择。要解决直线制式、注重效率、专职设计、兼职

设计、职位设计、岗位设计六大问题。要把握架构设计、功能设计、专职设计、兼职设计四者之间的关系，解决对接转化与行政支持功能的定义问题。

②管理层次管理跨度。要解决行政经理、办公单元、仓储单元、财务单元、网管单元、工程单元设置问题。要把握角色虚拟、专职设计、兼职设计、常态工作四者之间的关系，解决优化极简与专职兼职的实现设计问题。

③分工协作提升效率。要解决对上转化、对下指导，对内协同、对外统一，平级协作、组织规则六大问题。要把握组织定位、功能定位、专职兼职、规则设计四者之间的关系，解决运行规则与责任设计的关系等问题。

（2）行政体系制度设计

①行政体系基本制度。要解决专业制度、专业指导、专业人员，职位兼职、基本制度、统一执行六大问题。要把握总部行政、专业指导、食堂行政、职务执行四者之间的关系，解决工作制度与基本制度匹配等问题。

②行政体系工作制度。要解决行政制度、办公制度、仓储制度、财务制度、网管制度、工程制度六大问题。要把握制度约束、横向协同、纵向效率、岗位归责四者之间的关系，解决制度约束与作业细则评价等问题。

③行政体系责任制度。要解决行政体系、经济责任，工作单元、经济责任，工作岗位、岗位责任六大问题。要把握体系责任、单元责任、岗位责任、人员责任四者之间的关系，解决组织责任与个人责任的担责问题。

（3）行政体系工具设计

①行政体系手册设计。要解决食堂经理、发展管理，服务掌控、厨务掌控，行政执掌、制度设计六大问题。要把握职务晋级、手册研习、职务带教、规范设计四者之间的关系，解决行政管理与业务管理的担责等问题。

②行政体系制度设计。要解决服务体系、制度设计，厨务体系、制度成型，行政体系、制度定制六大问题。要把握基本制度、工作制度、责任制度、链接设计四者之间的关系，解决制度设计与约束激励执行等问题。

③行政体系表单工具。要解决服务体系、表格单据，厨务体系、工具设计，行政体系、责任管理链接匹配问题。要把握表单设计、责任设计、台账管理、追责设计四者之间的关系，解决表单工具与精准管理方法落地问题。

2. 行政体系职务设计

关键词：行政体系职务说明、行政值班训练考核、行政体系值班管理。

（1）行政体系职务说明

①行政经理职务说明。要解决职务说明、工作指导、工作执掌、工作设计、工作掌控、责任设计六大问题。要把握执掌设计、掌控设计、工作转化、行政管理四者之间的关系，解决执掌、掌控、角色扮演转化设计问题。

②单元经理职务说明。要解决总部行政、专业指导，单元行政、工作设计，专职专责、兼职作业六大问题。要把握专业领域、总部指导、行政规范、食堂设计四者之间的关系，解决专业指导与行政约束的执行问题。

③专员职位职务说明。要解决工作岗位、工作设计、岗位说明、岗位指导、岗位评价、岗位责任六大问题。要把握岗位设计、岗位说明、工作细则、工作评价四者之间的关系，解决专员角色的工作设计与评价问题。

（2）行政值班训练考核

①行政值班手册训练。要解决基础管理、训练考核，专业管理、训练见习，发展管理、训练指导六大问题。要把握职务升迁、三次训练、三次考核、三次晋级四者之间的关系，解决纵向升迁与考核晋级的升迁问题。

②行政值班训练考核。要解决发展管理、脱产学习，管理原理、考核通过，专业管理、考核通过六大问题。要把握基本原理、工作实务、掌控能力、执掌能力四者之间的关系，解决手册研习与考核通过的实现问题。

③行政值班见习升迁。要解决沙盘博弈、考核见习，样板食堂、挂职见习，实体门店、担责晋级六大问题。要把握实操考试、沙盘博弈、挂职见习、能力评价四者之间的关系，解决掌控能力与执掌能力的实现问题。

（3）行政体系值班管理

①服务行政值班掌控。要解决业务值班、行政值班，服务经理、归责设计，食堂经理、担责设计六大问题。要把握服务经理、担责管理、食堂经理、归责管理四者之间的关系，解决分工协作与担责归责的实现问题。

②厨务行政值班掌控。要解决业务值班、行政值班，厨务经理、责任

设计，食堂经理、担责设计六大问题。要把握厨务经理、专业管理、食堂经理、行政指导四者之间的关系，解决专业管理与行政管理的实现问题。

③食堂行政值班执掌。要解决服务检巡、服务指导、厨务检巡、厨务指导，行政掌控、行政指导六大问题。要把握服务检巡、厨务检巡、行政执掌、闭环管理四者之间的关系，解决服务、厨务、行政三个闭环管理问题。

3. 行政体系工作设计

关键词：行政体系岗位说明、行政体系工作细则、行政岗位作业管理。

（1）行政体系岗位说明

①工作单元设计依据。要解决办公单元、仓储单元、财务单元、网管单元、工程单元、公共事务六大问题。要把握工作单元、职务设计、工作岗位、岗位设计四者之间的关系，解决工作单元与工作设计的优化问题。

②工作岗位设计依据。要解决岗位设计、工作分析，岗位说明、训练指导，工作评价、业绩考核六大问题。要把握岗位设计、工作范围、工作指导、工作评价四者之间的关系，解决岗位设计与岗位评价的关系问题。

③工作人员配置依据。要解决入职资质、应岗训练、胜岗训练、考核训练、见习训练、转正训练六大问题。要把握应岗训练、轮岗训练、见习训练、升迁训练四者之间的关系，解决岗位设计与训练执行的实现问题。

（2）行政体系工作细则

①市前工作细则设计。要解决岗位流程、节点步骤、规范设计，作业执行、分工协作、作业评价六大问题。要把握节点实现、步骤实现、作业实现、作业效率四者之间的关系，解决工作细则与细则实现的步骤问题。

②市中工作细则设计。要解决公共事务、补货支持、监控管理，设备运行、收银管控、危机应对六大问题。要把握体系设计、单元设计、岗位设计、工作链接四者之间的关系，解决单元管理与分工协作的实现问题。

③市后工作细则设计。要解决清洁管理、盘点管理、数据管理、表单管理、日志管理、关控管理六大问题。要把握收市流程、单元流程、岗位流程、执行管理四者之间的关系，解决盘点管理与复盘管理的实现问题。

（3）行政岗位作业管理

①市前工作岗位检查。要解决办公检查、仓储检查、财务检查、网管检查、工程检查、公共事务落实问题。要把握正确时间、正确地点、正确做事、工作评价四者之间的关系，解决工作设计与工作评价的实现问题。

②市中工作岗位检查。要解决文件往来、仓储周转、收银数据，监控管理、维护保养、事件应对落实问题。要把握时间管理、作业管理、业绩管理、评价管理四者之间的关系，解决岗位作业与工作效率的实现问题。

③市后工作岗位检查。要解决办公收市、仓储收市、财务收市、网管收市、工程收市、公共事务责任管理问题。要把握单元收市、岗位收市、人员责任、工作检查四者之间的关系，解决工作执行与评价管理的实现问题。

七　健康食堂管理体系
——梯级管理设计

健康食堂管理体系，旨在解决基础管理要学什么、专业管理值班设计、发展管理晋升路线三大问题。成型的餐饮企业要把营运手册、管理手册、训练手册合而为一，最终通过值班管理的形式呈现并解决问题。

健康食堂管理体系，既是训练体系，又是晋升体系，还是薪酬体系。从服务生到领班，要学基础管理；从领班到经理，要学专业管理；从经理到店长，要学发展管理。这也是本土企业与国际公司的差距。

（一）基础管理应用指导

本节专题“基础管理应用指导”，包括基础管理内容分析、基础管理训练分析、领班职位考核晋级3个子专题内容精要以及关键词分析。

1. 基础管理内容分析

关键词：基础管理基本原理、基础管理方法设计、基础管理工具落地。

（1）基础管理基本原理

①基本原理——你是什么。要解决基础管理、基本原理、基础知识，手册设计、教材设计、教学设计六大问题。基本原理要把握是什么、为什么，从基本原理转化为工作实务的依据，通过自学与辅导以提升能力。

②基本实务——要做什么。要解决思维方式、方法运用、步骤设计，知识体系、概念设计、转化落地六大问题。基本实务要把握做什么、何种步骤，二者之间从原理到方法再到步骤，做好流程、节点、细则指导设计。

③基础工具——怎样作业。要解决制度工具、手册工具、表格单据，流程设计、节点设计、细则设计六大问题。基础工具要把握方法论与工具论二者之间的关系，这是基础管理用方法、工具解决问题的关键。

（2）基础管理方法设计

①基础管理流程设计。要解决管理模式、管理流程、管理节点、管理步骤、管理方法、管理工具六大问题。管理流程要把握基础管理与流程设计二者之间的关系，解决从原理到实务再到落地的具体流程设计问题。

②基础管理节点设计。要解决管理理念、计划管理、组织管理、团队管理、授权管理、激励约束六大问题。管理节点要把握基础管理与选题设计二者之间的关系，旨在用管理方法与管理工具解决基层管理问题。

③基础管理细则设计。要解决训练管理、辅导管理、沟通管理、排班管理、督导管理、时间管理六大问题。管理细则要把握基础管理与转化应用二者

之间的关系，旨在解决从选题到演绎再到应用转化与落地的流程设计问题。

（3）基础管理工具落地

①基础管理提出问题。要解决优秀员工、基层管理，角色转变、工作设计，考试通过、岗位见习六大问题。提出问题要把握角色转化与工作设计二者之间的关系。自己动手、团队支持、督导管理各占一定比例。

②基础管理分析问题。要解决基本原理、工作实务、工具运用，基础选题、流程设计、细则设计六大问题。分析问题要把握工作实务与工作运用二者之间的关系。通过原理解构、流程设计、细则指导提升管理水平。

③基础管理解决问题。要解决高层管理、中层管理、基层管理、策划工作、指导工作、动手作业六大问题。要把握动脑工作与动手工作二者之间的比例关系，背后是职位、训练、经验以及解决问题的能力。

2. 基础管理训练分析

关键词：知识体系训练内容、实务体系训练设计、工作指导带教设计。

（1）知识体系训练内容

①知识体系认知训练。要解决概念表述、范畴设计、思维逻辑，术语设计、用语设计、白话设计六大问题。认知训练要把握概念表述与转化应用二者之间的关系。知识体系要解决从知向识转变的认知指导实践问题。

②知识体系思维训练。要解决经营专业、组织专业、管理专业，思维导图、方法运用、工具设计六大问题。思维训练要把握思考维度与思考角度二者之间的关系，旨在提升常态运营与危机应对解决问题的能力。

③知识体系应用训练。要解决基本原理、工作实务、工具运用，管理模式、管理流程、管理细则六大问题。应用训练要把握认知能力与转化能力二者之间的关系，旨在使基本原理、管理实务、管理工具能够落地。

（2）实务体系训练设计

①实务体系专题选择。要解决理性管理、柔性管理，工业管理、信息管理，值班管理、现场管理六大问题。专题选择要把握基本原理与管理实务二者之间的关系，通过管理方法与管理工具的应用，实现优化升级。

②实务体系持续晋级。要解决产业细分、经营细分、管理细分，组织重

构、作业效率、制度优化六大问题。持续晋级要把握科技进步与理论突破二者之间的关系，任何理论突破都要转化为制度、方法、工具落地。

③实务体系实现分析。要解决提出问题、分析问题、解决问题，流程设计、细则设计、闭环设计六大问题。实现分析要把握基本原理、管理实务二者之间的关系，通过流程、节点、细则形成闭环管理解决问题。

（3）工作指导带教设计

①督导管理工作指导。要解决区域经理、食堂经理、服务经理、厨务经理、服务领班、厨务领班链条管理问题。督导管理要把握督导链条与督导管理二者之间的关系，领班督导管理通过辅导学习与带教指导来实现。

②岗位作业工作指导。要解决应岗训练、胜岗训练、星级训练，训练体系、考核体系、升迁体系六大问题。岗位作业要把握星级训练与模范标杆二者之间的关系，领班从星级员工岗位产生，作业指导不是问题。

③支持作业工作指导。要解决管理自我、管理专业、管理团队，自己动手、工作支持、工作协助六大问题。支持作业要把握自己动手与工作支持二者之间的关系，领班自己动手、工作支持、督导管理各占1/3。

3. 领班职位考核晋级

关键词：基本原理考试设计、工作实务实操设计、考核见习通过设计。

（1）基本原理考试设计

①回答问题得分记录。要解决自己学习、辅导学习、脱产学习、线上学习、线下讨论、作业答题六大问题。回答问题要把握成人教育与考试考核二者之间的关系。职业教育回答问题在考试考核中占有很大比例。

②完成作业评分记录。要解决论文写作、案例分析、学习心得，规定文体、规定时间、完成作业六大问题。完成作业要把握学习精进与里程盘点二者之间的关系。职业教育完成作业在考试考核中占有很大比例。

③自学能力评分记录。要解决自己学习、认识领悟、答题习题，教授辅导、统一授课、统一答辩六大问题。自学能力要把握完成作业与案例分析二者之间的关系。职业教育自学能力在考试考核中是加分因素。

（2）工作实务实操设计

①督导管理实操评价。要解决领教指导、带教辅导、教师指导，案例教育、沙盘教育、场景教育六大问题。实操评价要把握督导管理与转化落地二者之间的关系。职业教育督导管理要考核基层管理的管理能力。

②工作作业实操效率。要解决工作单元、工作岗位、工作设计，胜岗能力、示范能力、指导能力六大问题。工作作业要把握能够胜岗与成为标杆二者之间的关系。职业教育领班职位从星级员工产生，要有操作能力。

③支持作业能力评价。要解决自己动手、支持工作、督导管理，管理自我、管理专业、管埋团队六大问题。支持作业要把握自己动手与支持工作二者之间的关系。基层管理需要理解不同管理层级动手比例设计。

（3）考核见习通过设计

①纸面实力考核通过。要解决理论考试、知识考试、答题考试，概念解释、判断试题、问题综述六大问题。纸面实力要把握知识学习与背诵记忆二者之间的关系。理论考试在考核通过中占 50% 的比例，需要背诵记忆。

②实操能力考核通过。要解决工作流程、工作节点、工作细则，工作顺序、工作熟练、工作效率六大问题。实操能力要把握时间约束与工作效率二者之间的关系。实操考试在考核通过中占 50% 的比例，要高度注意。

③见习期满职务晋级。要解决见习期限、时间约定、上级评价，自己动手、支持作业、督导管理六大问题。见习期满要把握见习到期与职务晋级二者之间的关系。职务晋级是训练、考核、升迁体系的链接设计。

（二）专业管理值班管理

本节专题“专业管理值班管理”，包括服务经理值班管理、厨务经理值班管理、食堂经理值班管理 3 个子专题内容精要以及关键词分析。

1. 服务经理值班管理

关键词：服务值班手册研习、服务值班应用落地、服务值班考核分析。

（1）服务值班手册研习

①服务值班手册研习一。要解决食堂巡检、计划制订、晨会主持、午市开市、现场管理、事件处理业务体系六大问题。要把握营运手册、管理手册、训练手册整合运用关系，使服务值班成为例行性工作设计。

②服务值班手册研习二。要解决预估预货、员工班表、员工训练、资产维护、安全保全、财务管理行政体系六大问题。要把握业务管理、行政管理整合运用关系，用专门训练、评价、考核使行政管理落地。

③服务值班手册研习三。要解决晚市开市、现场管理、事件管理、打烊管理、收市管理、工作日志业务体系六大问题。要把握值班管理、饭市管理、业绩管理整合运用关系，服务值班使用浓缩表格指导落地。

（2）服务值班应用落地

①训练考核见习管理。要解决手册自学、脱产学习、试卷考核，实操考核、岗位见习、岗位晋级六大问题。要把握训练体系、考核体系、见习体系、升迁体系整合运用关系。这是管理团队梯级成长的体系设计。

②业务管理行政管理。要解决饭市管理、现场管理、顾客满意，人力资源、物力资源、财力资源六大问题。要把握业务管理、行政管理整合运用关系。实践证明，行政弱、轻行政，服务业绩将无法实现理想预期。

③基础管理专业管理。要解决时间管理、自我管理、团队管理、业务管理、行政管理、业绩管理六大问题。要把握基础管理、专业管理整合运用关系，成型企业管理人培育，先学习基础管理再研修专业管理。

（3）服务值班考核分析

①业务管理考核分析。要解决事前管理、事中管理、事后管理，现场管理、事件管理、业绩管理六大问题。要把握饭市管理、现场管理、业绩管理整合运用关系，在适当时间、适当地点，用适当手段来实现业绩。

②行政管理考核分析。要解决排班管理、工时管理、工效管理、资产管

理、安全保全、财务管理六大问题。要把握资源管理、财务管理、资产管理整合运用关系，在食堂经理的指导下，与总部行政对接实现业绩。

③自我管理考核分析。要解决时间管理、自我管理、重要排序，管理自我、管理专业、管理团队六大问题。要把握管理他人、管理自我、管理专业整合运用关系，深刻理解管理包括管理他人与管理自我的命题。

2. 厨务经理值班管理

关键词：厨务值班手册研习、厨务值班应用落地、厨务值班考核分析。

（1）厨务值班手册研习

①厨务值班手册研习一。要解决每日巡检、营运计划、晨会主持、清洁验货、加工配份、员工餐饮六大问题。要把握计划指导、工作排序、市前管理整合运用关系，即厨务经理职务说明、工作范围内容设计。

②厨务值班手册研习二。要解决现场管理、清洁转市、预估预货、员工班表、维护保养、财务管理六大问题。要把握市中管理、市后管理整合运用关系。掌握业务管理与行政管理工作推进、工作转化设计。

③厨务值班手册研习三。要解决安全管理、晚市开市、现场管理、收市管理、打烊管理、工作日志六大问题。要把握工作推进、打烊管理、工作日志整合运用关系。打烊管理为今天画句号，为明天做启示。

（2）厨务值班应用落地

①厨务值班手册学习。要解决基础管理、专业管理、晋级管理，脱产学习、考核通过、职务晋级六大问题。要把握职务储备、职务体验、职务晋级整合运用关系。厨务值班是专业管理的研习、转化、落地。

②厨务值班浓缩设计。要解决脱产学习、阶段考试、职务见习，手册浓缩、工具运用、反复实践六大问题。要把握管理手册、管理方法、管理工具整合运用关系。谙熟思维方式、方法运用、工具使用的关系。

③厨务值班工具运用。要解决时间工具、制度工具、手册工具、表格工具、单据工具、软件工具六大问题。要把握工具理性、精益管理、精准管理整合运用关系。工具通过制度、规范、细则、表单来呈现。

（3）厨务值班考核分析

①业务管理考核分析。要解决市前管理、市中管理、市后管理，作业管理、单元管理、品质管理六大问题。要把握饭市管理、稳定出品、顾客满意整合运用关系。厨务营运业务管理创造效率、效能、效益。

②行政管理考核分析。要解决人力资源、物力资源、财力资源，维护保养、安全保全、成本控制六大问题。要把握资源管理、资产管理、财务管理整合运用关系。行政管理是厨务经理常态工作的重要内容。

③自我管理考核分析。要解决时间管理、计划管理、工作排序，工作推进、现场管理、解决问题六大问题。要把握管理他人、管理自我、管理专业整合运用关系。自我管理与表格设计要定期接受打分评价。

3. 食堂经理值班管理

关键词：经理值班手册研习、经理值班应用落地、经理值班考核分析。

（1）经理值班手册研习

①经理值班手册研习一。要解决营运计划、值班流程、巡检管理、服务管理、厨务管理、事件处理六大问题。要把握食堂营运、三大体系、执掌管理整合运用关系。这是食堂整体运营对食堂经理的工作设计。

②经理值班手册研习二。要解决总部行政、体系行政、食堂行政、单元设计、工具运用、财务分析六大问题。要把握行政转化、行政掌控、行政执掌整合运用关系。这是对食堂经理工作维度精准的工作设计。

③经理值班手册研习三。要解决业务招待、文书往来、主管部门、新闻媒体、社区关系、股东关系六大问题。要把握挂名首脑、公共事务、常态往来整合运用关系。这是对食堂经理公共事务能力的工作设计。

（2）经理值班应用落地

①经理值班对上分析。要解决人资部门、财务部门、公共事务，网管部门、工程部门、综合办公六大对接问题。要把握食堂行政、总部行政、对接转化整合运用关系。食堂经理要接受对接转化工作能力的训练。

②经理值班对下分析。要解决服务体系、工作掌控，厨务体系、工作掌

控，行政体系、工作执掌六大问题。要把握服务掌控、厨务掌控、行政执掌整合运用关系。食堂经理工作掌控与工作执掌通过归责实现。

③经理值班对外分析。要解决业务往来、文书往来、主管应对、媒体应对、社区关系、股东关系六大问题。要把握分公司制、独立法人、挂名首脑整合运用关系。食堂经理角色设计通过公共事务能力呈现。

（3）经理值班考核分析

①对上关系工作考核。要解决总部业务、总部物流、总部行政，工作对接、工作转化、工作反馈六大问题。要把握行政办公、归责设计、软件运用整合运用关系。食堂经理对上关系要接受时间与效率评价。

②对下关系工作考核。要解决服务掌控、厨务掌控、行政执掌，授权管理、责任管理、解决方案六大问题。要把握经理层级、领班层级、员工层级垂直管理关系。食堂经理对下关系要用效率与效益指标评价。

③对外关系工作考核。要解决主管部门、新闻媒体、社区关系，环境管理、竞争管理、事件管理六大问题。要把握危机应对、转危为安、关系维系整合运用关系。食堂经理对外关系要把握角色扮演的含义。

（三）发展管理执掌管理

本节专题“发展管理执掌管理”，包括服务经理职位晋级、厨务经理职位晋级、食堂经理职位晋级内容精要以及关键词分析。

1. 服务经理职位晋级

关键词：服务岗位轮岗修炼、服务领班职位修炼、服务经理资质修炼。

（1）服务岗位轮岗修炼

①服务岗位见习修炼。要解决客务岗位、服务岗位、传菜岗位、收银岗位、水吧岗位、清洁岗位六大问题。要把握岗位见习、时间约定、考核约定

三者之间的关系，无论你是否有岗位经历，都要经过岗位的历练。

②服务岗位考核修炼。要解决应岗训练、岗位见习、工时约定、进度约定、考核约定、独立操作六大问题。要把握岗位认知、岗位实践、胜岗能力三者之间的关系，这是见习经理从知向识转化要完成的底层逻辑。

③服务岗位轮岗修炼。要解决考核通过、下个岗位、应岗训练，多面能力、利于排班、岗位实践六大问题。要把握轮岗训练、横向发展、复合人才三者之间的关系，在轮岗训练过程中完成一星、二星、三星级升迁。

（2）服务领班职位修炼

①领班职位数据配比。要解决一个职位、管 6 个人、数字比例，自己动手、工作支持、督导管理六大问题。要把握工作定义、工作设计、角色转化三者之间的关系，这是管理人领导下属数量的关键数据分析。

②领班职位基础管理。要解决星级员工、职位晋级、职务升迁，基础管理、脱岗学习、考核通过六大问题。要把握基层人员、管理人员、职务晋级三者之间的关系，这是理解从工作人员向管理人员过渡的门槛设计。

③领班职位轮岗训练。要解决横向发展、复合能力、管理能力，基层管理、管理实务、管理实践六大问题。要把握横向发展、纵向晋级、能力转化三者之间的关系，这是理解所有纵向晋级先要横向发展升迁的要义。

（3）服务经理资质修炼

①领班纵向晋级流程。要解决工作人员、管理人员、职务晋级，总领角色、二副经理、一副经理六大问题。要把握工作人员、管理人员、经理人员三者之间的关系，这是三次晋级要经历的应岗、轮岗、升迁含义。

②副理角色修炼设计。要解决人才备份、能力储备、经验储备，二副角色、一副角色、经理角色六大问题。要把握基层管理、中层管理、职务升迁三者之间的关系，这是理解管理层次、管理跨度、管理能力的关键。

③服务经理职位晋级。要解决脱产学习、专业管理、考核通过，职务见习、职务晋级、服务经理六大问题。要把握管理训练、能力训练、职务升迁三者之间的关系，这是成型企业管理训练与梯级升迁的关键设计。

2. 厨务经理职位晋级

关键词：厨务岗位轮岗修炼、厨务领班职位修炼、厨务经理能力修炼。

（1）厨务岗位轮岗修炼

①厨务岗位见习修炼。要解决开生岗位、切配岗位、烹饪岗位、打荷岗位、冷菜岗位、面点岗位六大问题。要把握洗消岗位、档口岗位、辅助岗位三者之间的关系。作为见习经理，无论是否有岗位经历都要见习。

②厨务岗位考核修炼。要解决应岗训练、岗位见习、工时设计，进度约定、独立操作、考核通过六大问题。要把握岗位认知、熟练操作、独立操作三者之间的关系，这是见习经理要完成的从知向识转化的动手能力。

③厨务岗位轮岗修炼。要解决应知训练、应做训练、应会训练，复合能力、综合能力、岗位实践六大问题。要把握轮岗训练、横向发展、能力叠加三者之间的关系，轮岗训练还要完成一星、二星、三星梯级升迁。

（2）厨务领班职位修炼

①领班职位数据配比。要解决管理角色、管辖人员、数字比例，自己动手、工作支持、督导管理六大问题。要把握工作设计、角色转化、管理能力三者之间的关系，这是管理人领导直接下属数量的关键数据分析。

②领班职位基础管理。要解决星级厨工、职务储备、职务升迁，基础管理、脱岗学习、考核通过六大问题。要把握基层人员、管理人员、职务晋级三者之间的关系，所有工作人员向管理人员过渡都要通过基础管理。

③领班职位轮岗训练。要解决横向发展、单元管理、岗位管理，基层管理、管理实务、管理实践六大问题。要把握横向发展、纵向晋级、能力转化三者之间的关系，这是理解所有纵向晋级先要横向发展升迁的要义。

（3）厨务经理能力修炼

①领班职位纵向晋级。要解决工作人员、管理人员、职务晋级，总领角色、二厨经理、一厨经理六大问题。要把握工作人员、管理人员、经理人员角色转化关系，这是三次晋级要经历的应岗、轮岗、升迁含义。

②副理角色修炼设计。要解决人才备份、能力储备、经验储备，二厨角

色、一厨角色、厨务经理六大问题。要把握基层管理、中层管理、职务升迁三者之间的关系，这是理解管理层次、管理跨度、管理能力的关键。

③厨务经理职位晋级。要解决脱产学习、专业管理、考核通过，职务见习、职务晋级、厨务经理六大问题。要把握管理训练、能力训练、职务升迁三者之间的关系，这是理解管理训练、梯级升迁、通路设计的关键。

3. 食堂经理职位晋级

关键词：服务经理角色胜任、厨务经理管控胜任、食堂经理执掌胜任。

（1）服务经理角色胜任

①服务岗位见习训练。要解决约定时间、六个单元、六个岗位，应岗训练、胜岗训练、考核通过六大问题。要把握人力资源、营运部门、单元岗位三者之间的关系，这是理解时间表、路线图、里程碑的关键。

②服务领班见习训练。要解决应知训练、应会训练、应做训练，自己动手、工作支持、督导管理六大问题。要把握领班角色、工作划分、胜岗训练三者之间的关系，这是解决横向发展与纵向升迁能力培训的关键。

③服务经理见习训练。要解决服务领班、服务副理、服务经理，职务晋级、角色转化、能力晋升六大问题。要把握横向发展、纵向发展、专业管理三者之间的关系，这是理解梯级管理训练职务纵向升迁的关键设计。

（2）厨务经理管控胜任

①厨务岗位见习训练。要解决工作单元、工作岗位、岗位见习，应岗训练、胜岗训练、考核通过六大问题。要把握岗位认知、应岗操作、独立胜任三者之间的关系，这是理解见习经理要完成岗位见习的关键设计。

②厨务领班见习训练。要解决自己动手、工作支持、督导管理、工时管理、工效管理、业绩管理六大问题。要把握基层管理、一线管理、解决问题三者之间的关系，这是理解工作岗位与管理岗位角色转化的关键。

③厨务经理见习训练。要解决专业管理、脱产学习、考核通过，职务见习、独立掌控、职务升迁六大问题。要把握手册研习、理论考核、实操通过三者之间的关系，这是理解经理职位职务升迁与能力晋级的关键。

（3）食堂经理执掌胜任

①服务经理掌控训练。要解决服务岗位、服务领班、服务经理，横向发展、纵向发展、梯级升迁六大问题。要把握工作岗位、管理职位、经理职位三者之间的关系，这是理解见习经理完成服务体系晋级的关键设计。

②厨务经理见习训练。要解决厨务岗位、厨务领班、厨务经理，横向发展、纵向发展、梯级升迁六大问题。要把握工作岗位、管理职位、经理职位三者之间的关系，这是理解见习经理完成厨务体系晋级的关键设计。

③食堂经理执掌训练。要解决服务经理、厨务经理、食堂经理，服务掌控、厨务掌控、食堂执掌六大问题。要把握工作掌控、工作执掌、对接转化三者之间的关系，食堂经理要完成发展管理训练并通过考试。

八　健康食堂食品安全
——安全营养健康

安全是健康食堂入门级应做足的功课，营养是健康食堂中级修炼应打造的功夫，健康是健康食堂高级晋级应追求的设计。安全、营养、健康是三个节点、三个里程、三次晋级，是时间表、路线图、里程碑设计。

清洁、卫生、安全是餐饮企业常态运营的抓手。清洁包括每日清洁、定期清洁、随时清洁三个方面，卫生包括个人卫生、环境卫生、食品卫生三个维度，安全包括服务体系、厨务体系、行政体系三大体系。

（一）国际食安认证体系

本节专题“国际食安认证体系”，包括HACCP食安管理体系、ISO 22000体系标准、HACCP与ISO组合运用内容精要以及关键词分析。

1. HACCP食安管理体系

关键词：HACCP构成分析、HACCP优势分析、HACCP认证分析。

（1）HACCP构成分析

① HACCP缩写分析。HACCP（Hazard Analysis and Critical Control Point）是危害识别、评价、控制方面的科学管理体系，即通过危害分析与关键点位控制，以确保食品采购、生产、加工、销售、食用整个过程的安全。

② HACCP质量管理。其中包括对原料采购、产品加工、消费过程可能出现的危害进行分析与评估；根据分析与评估设立该类食品从原料到消费全过程的关键控制点，即CCPS；建立有效的关键控制点监测管理程序。

③ HACCP体系设计。HACCP是科学分析基础上建立的完整体系，导入HACCP体系是实践、认识、再实践、再认识的过程，不是搞形式、摆架子、走过场。餐饮企业要结合现实，参照HACCP要义，实施质量管理。

（2）HACCP优势分析

①注重三个工作环节。对原料采购、产品加工、消费环节可能出现的问题做分析与评估；根据分析与评估，设立全过程的关键控制点；对所有的关键控制点，建立有效的检测与关键控制流程。

②关注每个工作节点。HACCP系统的优势是将质量与安全保证重点，从传统对最终产品的检验，转移到对整个出品过程所有关键点的质量管控，避免因批量生产不合格而造成巨大损失，重点是管控所有关键点。

③设计工作实施细则。HACCP质量管理体系强调对整个生产、消费过程所有影响质量安全关键点的严格控制，通过设计所有关键点的工作细则来

实现，使每个关键点位的工作人员都可以通过实施细则来实施管控。

（3）HACCP 认证分析

①管理体系国际认证。其中包括确定危害点的预防措施、关键控制点确定与把握、关键控制点的限度、监控关键控制点位、发生偏差的纠正措施、制定记录保存数据信息，以及制定具体实施审核流程诸多实施要点。

②质量体系行业通用。HACCP 质量管理体系是餐饮产业的通行体系，是政府主管部门管控餐饮企业食品安全的必备体系。客观地讲，餐饮企业在认证通过 HACCP 后，能够在食品安全管理与控制方面登上新的台阶。

③认证体系持续升级。HACCP 质量管理体系认证不能一劳永逸，需要随着市场环境的变化持续精进升级。认证体系升级是驱动餐饮企业根据市场环境变化、顾客需求变化不断创新、持续升级、做好自己的关键。

2. ISO 22000 体系标准

关键词：ISO 22000 体系分析、ISO 22000 价值分析、ISO 22000 认证分析。

（1）ISO 22000 体系分析

①食品安全管理体系。国际标准化组织（ISO）经过协调，将相关国家食品安全标准在国际范围内做了整合，于 2005 年 9 月发布了最新国际标准 ISO 22000，即食品安全管理体系，这是对食物链中所有组织的质量要求。

②管理体系内容分析。ISO 22000 体系标准具体包括 8 个方面的内容：范围、规范性引用文件、术语和定义、政策和原理、食品安全管理体系设计、实施食品安全管理体系、食品安全管理体系保持与管理评审。

③管理体系实力分析。ISO 22000 使全世界经济组织可以用统一的方法执行食品安全，比实施 HACCP 系统更容易操作，它不会因国家或涉及的食品不同而有差异。与食品有关的组织都应执行 ISO 22000 体系标准。

（2）ISO 22000 价值分析

①体系价值优势前移。ISO 22000 协调食品从生产到消费全过程中影响质量的因素，并提出一套控制影响因素的解决方案。这种管理前移、控制全程、价值实现的管理方法，使所有与食品有关的组织受益。

②工作细则便于实施。ISO 22000 体系标准的一揽子解决方案，锁定食

品生产、食品消费中影响食品安全的关键环节，通过工作流程设计、工作细则设计，使食品安全管控更加务实，更方便工作人员落地实施。

③工作指导便于评价。在工作细则设计的基础上，ISO 22000还配套出台食品安全工作指导，使管理人员既可以实施食品安全管理工作训练，又可以督导食品安全管理工作实施，还可以评价食品安全管理的工作绩效。

（3）ISO 22000认证分析

①管理体系国际认证。ISO 22000体系标准既是描述食品安全管理体系要求的使用指导标准，又是可供食品生产、操作、供应、消费的组织进行工作认证与注册的依据。ISO 22000为餐饮企业构建健康食堂提供了指南。

②管理体系行业通用。ISO 22000体系标准表达了食品安全管理中的共性要求，适用于食品链中的所有组织形态，如食材原料的种植、养殖、生产、仓储、加工、配送、包装和服务环节的供应厂商，还有销售终端餐饮企业。

③管理体系任重道远。ISO 22000体系标准对食品链条上的所有组织提出了强化食品安全管理的标准，对餐饮企业来讲，实施ISO 22000不是一朝一夕的事情，需要界定所有工作重点、设计工作细则，务实落地并持续精进。

3. HACCP与ISO组合运用

关键词：优势互补组合运用、价值叠加组合运用、食品安全管理组合。

（1）优势互补组合运用

① HACCP解决什么问题。要解决产销环节、配销环节、销售环节，关键环节、关键点位、危害分析六大问题。要把握环节设计、点位设计、危害分析解决问题的思路。在环节、节点、细则维度防止问题，把问题变机遇。

② ISO体系关注哪些要点。要解决全员管理、全程有效、品质管理，纸面实力、流程管理、细节落地六大问题。要把握事前管理、事中管理，事后管理全程有效管理。ISO体系运用模式、流程、节点锁定质量管理。

③二者叠加优势分析。要解决注重环节、注重节点、注重关键、注重全程、注重有效、注重全员六大优势。要把握食品安全、危害控制，食品质量、品控体系。关注点、侧重点、控制链叠加组合使安全管控细则落地。

（2）价值叠加组合运用

①食品安全零度容忍。要解决绿色属性、有机属性、生态属性，危害分析、点位分析、追溯管理六大前提。要把握关键环节、关键点位、关键控制价值叠加关系。这是从食品安全零容忍视角倒推食品安全设计。

②食品卫生追溯体系。要设计个人卫生、环境卫生、工具卫生，资质管理、认证管理、文件管理六大优势。要把握清洁管理、卫生管理、健康管理三者之间的关系。清洁、卫生、安全是一体，要用 ISO 体系做管理。

③食品营养保障设计。要解决绿色认证、有机认证、生态认证，产销环节、厂商管理、契约管理六大管控。要把握资质层面、运行层面、规则规范三者之间的关系。危险控制与品质管理是营养与健康的实现前提。

（3）食品安全管理组合

①清洁不能出现问题。要解决去除农残、规避激素、去添加剂，种子选择、种植科技、收获存储六大问题。要把握绿色生态、有机环保与田间地头、种子筷子的关系。HACCP 与 ISO 体系从两个方面对清洁做贡献。

②卫生不能出现问题。要解决生态指标、环保指标、有机指标，食材品质、餐料品质、烹饪品控六大问题。要把握危害控制、关键控制、环节控制、品质控制的关系。HACCP 与 ISO 体系从两个维度对清洁做贡献。

③食品安全不能出现问题。要解决产销安全、配销安全，销售安全、食材安全、餐料安全、烹饪安全六大问题。要把握环节安全、关键安全与食材品质、制售品质的关系。HACCP 与 ISO 体系从两个维度对安全做出贡献。

（二）国内食品安全认证

本节专题“国内食品安全认证”，包括国家食品安全法律、产业食品安全约束、企业食品安全制度 3 个子专题内容精要以及关键词分析。

1. 国家食品安全法律

关键词：国家食品安全法律、外卖食品安全法律、供应链条食品安全。

（1）国家食品安全法律

①食品安全法的总则。要解决食品生产、食品加工、食品销售、包装材料、添加试剂、贮存运输六大问题，要把握《中华人民共和国食品安全法》总则的提纲挈领、主旨指导义，再对核心要义进行结构分析。

②食品安全法的宗旨。涵盖了预防为主、风险管理、全程控制，社会共治、科学防范、严格监督管理制度。要把握《中华人民共和国食品安全法》总则是顶层设计、工作指南、实施依据，一切应以法律为依据。

③食品安全法的规范。要解决建筑场所、设施设备、原料管理、加工制作、供餐用餐、检验检测、清洗消毒、废弃管理、人员要求、文件记录 11 类问题。要把握《餐饮服务食品安全操作规范》操作细则设计。

（2）外卖食品安全法律

①对平台的要求约束。要解决通信部门、监管备案、域名地址、经营许可、企业信息、法人信息六大问题。要把握《网络餐饮服务食品安全监督管理办法》对第三方平台经营许可与合法资质的规定动作设计。

②对餐饮企业的约束。要解决实体门店、合规经营、原料要求、加工要求、贮存要求、洗消要求六大问题。要把握《网络餐饮服务食品安全监督管理办法》对餐饮企业外卖、出品质量、合规要求、追溯管理的约定。

③对外卖餐盒的约束。要解决外卖规则、训练管理、个人卫生、配送容器、餐具包装、配送信息六大问题。要把握《网络餐饮服务食品安全监督管理办法》从顾客角度对外卖交易所做的安全保护约束管理。

（3）供应链条食品安全

①要求、交接、运输。要解决基本要求、交接规范、运输约定、术语设计、用语设计、规则设计六大问题。要把握《食品安全国家标准　食品冷链物流卫生规范》制定的标准、规范、规定，这是国家卫生健康委员会、市场监督管理局联合发布的冷链物流标准。

②配送、储存、人员。要解决配送环节、仓储环节、人员作业、工作设

计、作业指导、约束设计六大问题。要把握《食品安全国家标准　食品冷链物流卫生规范》规定的环节、作业、细则，这是国家卫生健康委员会、市场监督管理局从法理层面推行的标准。

③制度、追溯、召回。要解决制度设计、追溯设计、召回设计，提出问题、分析问题、解决问题六大问题。要把握《食品安全国家标准　食品冷链物流卫生规范》规定的配销、分销、交易，这是国家卫生健康委员会、市场监督管理局从操作层面阐述倒推管理。

2. 产业食品安全约束

关键词：产销环节食品安全、配销环节食品安全、销售环节食品安全。

（1）产销环节食品安全

①绿色食品宽频定义。要解决标准环境、生产技术、卫生标准、机构认定、专门标识、安全营养六大问题。要把握有机食品、生态食品、健康食品三者之间的关系。绿色食品的定义涵盖有机、生态、健康内容释义。

②一方二方三方物流。要解决仓储建仓、加工工厂、配送车队、订单经济、干线物流、城市物流六大问题。要把握产销环节、环节打透、销售环节三者之间的关系。这是战略采购、季节采购、批量采购实施的关键。

③维稳溯源体系约定。要解决知情权利、一物一码、商品信息，来源可查、去向可追、责任可究六大问题。要把握溯源系统、物流管理、优质服务三者之间的关系。维稳溯源是平台、是系统、是工具，能转化落地。

（2）配销环节食品安全

①采购仓储食品安全。要解决厂商选择、资质管理、订单排序、验收准则、在库管理、配货理货六大问题。要把握采购环节、政策约束，仓储环节、制度设计。在法律、政策、制度约束下，对食品安全负责。

②加工配送食品安全。要解决订单接受、加工制作、出品打码、装车码放、路线选择、交易执行六大问题。要把握加工订单、代工订单，到店配送、到家配送。实现门店配送、共享经济、餐饮零售食品安全。

③信息交易食品安全。要解决申购信息、分析检索、任务分派、验货理货、表单签字、退货处理六大问题。要把握信息中心、任务分派，交易规

则、账期执行。信息流贯穿物流、商流、金流转化的全过程。

（3）销售环节食品安全

① 5S 清洁卫生管理。要解决常整理、常整顿、常清扫、常清洁、有素养五大问题。要把握工业管理、现场管理，餐饮管理、现场管理之间的转化关系。5S 管理是现场管理在餐饮领域的转化，但缺少时间约束设计。

② 6T 清洁卫生管理。要解决天天处理、天天整合、天天清扫，天天规范、天天检查、天天改进六大问题。要把握清洁管理、作业设计、工作推进三者之间的关系。6T 是精益管理的转化实施，仍缺少时间约束设计。

③ 4D 清洁卫生管理。要解决整理到位、责任到位、培训到位、执行到位四大问题。要把握工具设计、方法设计、行为约束、数据管理四者之间的关系。4D 模式在清洁与卫生方面有所贡献，但缺少时间约束设计。

3. 企业食品安全制度

关键词：服务体系安全制度、厨务体系安全制度、行政体系安全制度。

（1）服务体系安全制度

①防疫执行安全制度。要解决开铺防疫、开市防疫、周转防疫、收市防疫、制度防疫、执行防疫六大问题。要把握开市防疫、市中防疫、收市防疫三个关键节点。防疫要贯穿通勤、起居、饮食、洗手的全过程。

②防蝇防虫安全制度。要解决灭蝇设计、灭蚊设计、点钨灯具、光线诱捕、启闭管理、清洁管理六大问题。要把握苍蝇捕杀、蚊虫捕杀、环境卫生三者之间的关系。无论是苍蝇带菌还是蚊虫叮咬，都在预防范围内。

③堂食外卖安全制度。要解决食材安全、烹饪安全、出品安全、包装安全、餐盒安全、餐具安全六大问题。要把握堂食安全、制度设计，外卖安全、规则执行。堂食外卖通过流程、细则、责任、追溯进行有效管理。

（2）厨务体系安全制度

①生熟分开安全制度。要解决砧板使用、五色管理，刀具码放、刀架设计，生熟分开、管理设计六大问题。要把握砧板使用、刀具使用、操作规范三者之间的关系。生熟分开靠方法、工具、训练、评价转化落地。

②防止污染安全制度。要解决健康证明、体温检测、皮肤感染、肠胃疾病、食材选择、熟化温度六大问题。要把握个人卫生、环境卫生、食品卫生三者之间的关系。防止污染是环境、设备、用具、人员整合管理。

③食品废弃安全制度。要解决色素使用、添加试剂、保质期限、临界期限、过期处理、废弃处理六大问题。要把握有添加、零添加、保质期三者之间的关系。实践证明，熟化食品不放添加剂会缩短保质期。

（3）行政体系安全制度

①验收环节安全制度。要解决物理验收、化学验收、生物验收、经验验收、制度设计、责任设计六大问题。要把握制度设计、责任设计、执行设计三者之间的关系。验收是对外在品质、内在品质、物品安全的把握。

②码放周转安全制度。要解决正确码放、温度控制、湿度控制、通风换气、出货管理、台账管理六大问题。要把握验货环节、在库环节、出库环节三者之间的关系，以确保不同环节、节点、细节的食品安全制度落地。

③冷链食品安全制度。要解决车辆消毒、人员检测、包装消毒、环境消毒、人员管理、闭环管理六大问题。要把握阳性指标、概率事件、问题处理三者之间的关系。通过制度性、流程性、追溯性管理确保食品安全。

（三）卫生清洁安全岗位

本节专题“卫生清洁安全岗位”，包括食品卫生规范设计、环境清洁制度设计、食品安全检查评价 3 个子专题内容精要以及关键词分析。

1. 食品卫生规范设计

关键词：个人卫生规范设计、环境卫生规范设计、食品卫生规范设计。

（1）个人卫生规范设计

①更衣洗手规范设计。要解决上岗更衣、二次更衣、如厕更衣，六步洗

手、七步洗手、反复洗手六大问题。要把握更衣规范、洗手规范、复洗规范三者之间的关系。卫生、清洁、安全是健康食堂打造的三个等级。

②饮水用餐规范设计。要解决饮白开水、专用水杯、专门存放、用工作餐、用餐流程、餐后清洁六大问题。要把握饮水健康、员工餐饮、福利管理三者之间的关系。这是激励保健解决的专题，当然也要考虑工时工效。

③如厕消毒规范设计。要解决如厕次数、如厕时间、如厕管理，环境消毒、设施消毒、设备消毒六大问题。要把握工效管理、健康管理、消杀管理三者之间的关系。这是解决 8 小时工作制人员离岗时间管理问题。

（2）环境卫生规范设计

①公共区域环境卫生。要解决外部环境、内部环境、服务区域、厨务区域、行政区域、公共区域六大问题。要把握前厅区域、后厨区域、行政区域三者之间的关系。公共区域卫生靠分工协作与督导管理解决问题。

②洗手间的环境卫生。要解决前室区域、洗手间内、工作设计、排风换气、洗涤消杀、重点区域六大问题。要把握专门区域、专门人员、专门流程三者之间的关系。理想的洗手间管理是顾客使用的与员工使用的分开设计。

③洗涤垃圾环境卫生。要解决洗涤单元、设施设计、通风换气，垃圾单元、分类设计、定期排送六大问题。要把握服务区域、洗涤设计，厨务区域、垃圾设计的本质，用专业功能与制度规范来解决卫生问题。

（3）食品卫生规范设计

①香精味精使用规定。要解决菜肴制作、鲜味设计、原始工艺、香精禁用、鸡精少用、味精不用六大问题。要把握肉类禽类、蔬菜菌类、豆类乳类成鲜味道提取，用原始与纯粹的食材替代工业与化学的合成品。

②色素添加使用规定。要解决食用色素、使用依据、使用比例，添加试剂、使用依据、投量标注六大问题。要把握法律约定、政策约定、制度约定三者之间的关系。这是告别模糊、走向精确、承担责任的法律问题。

③保质防腐使用规定。要解决保质期限、保质期后、废弃管理、防腐试剂、投放依据、规则追责六大问题。要把握保质期限、防腐试剂、精益管理三者之间的关系，旨在解决罐装食品、桶装食品、方便食品问题。

2. 环境清洁制度设计

关键词：每日清洁制度设计、定期清洁制度设计、随时清洁制度设计。

（1）每日清洁制度设计

①市前每日清洁执行。要解决服务区域、工作单元、工作岗位、市前准备、每日清洁、工作执行六大问题。要把握开铺作业、每日清洁、工作执行三者之间的关系，饭市开启、市前准备、每日清洁规定动作设计。

②市后每日清洁执行。要解决工作单元、工作岗位、持续出品、周转次数、营业推进、市后清洁六大问题。要把握收市作业、每日清洁、工作执行三者之间的关系，饭市结束、流程设计、每日清洁规定动作设计。

③评价每日清洁执行。要解决工作单元、工作岗位、清洁执行、时间管理、作业管理、评价管理六大问题。要把握工作设计、工作执行、工作评价三者之间的关系，一定要理解没有评价就没有管理的关键要义。

（2）定期清洁制度设计

①每周定期清洁排定。要解决清洁区域、清洁时段、清洁责任、清洁覆盖、不留死角、排班管理六大问题。要把握每日清洁、定期清洁、消除死角三者之间的关系，定期清洁是弥补每日清洁不足的有效方法设计。

②每周定期清洁执行。要解决时段设计、班次设计、执行设计、维护保养、清洁管理、卫生管理六大问题。要把握卫生死角、藏污纳垢、健康管理三者之间的关系，这是解决设备维护保养与食材健康管理的关键。

③每周定期清洁保障。要解决排班保障、人员保障、执行保障、责任保障、制度保障、规则保障六大问题。要把握制度设计、表格设计、责任设计三者之间的关系，通过跟进管理、评价管理、反馈管理具体实现。

（3）随时清洁制度设计

①服务随时清洁执行。要解决市前清洁、随时清洁，市中清洁、随时清洁，市后清洁、随时清洁六大问题。要把握制度设计、训练设计、习惯养成三者之间的关系，随时清洁要成为习惯，使工作好评价、变简单。

②厨务随时清洁执行。要解决工作单元、工作岗位、持续作业、市前清

洁、随时清洁、市后清洁六大问题。要把握规则设计、工作执行、形成习惯三者之间的关系，这是解决食品安全、设备清洁、工具清洁的关键。

③行政随时清洁执行。要解决行政清洁、仓管清洁、财务清洁、网管清洁、工程清洁、区域清洁六大问题。要把握随时清洁、每日清洁、定期清洁三者之间的关系，这是行政体系、五大单元、清洁管理的关键设计。

3. 食品安全检查评价

关键词：服务岗位作业检查、厨务岗位作业检查、行政岗位作业检查。

（1）服务岗位作业检查

①市前服务作业检查。要解决工作单元、工作岗位、工作设计、工作流程、工作细则、工作指导六大问题。要把握工作设计、工作执行、工作检查三者之间的关系，通过评价、检查、反馈，将工作设计转化落地。

②市中服务作业检查。要解决现场管理、检巡管理、闭环管理、作业管理、食安管理、工作执行六大问题。要把握作业设计、作业闭环、安全执行三者之间的关系，市中岗位作业是工作细则与安全执行的整合落地。

③市后服务作业检查。要解决清洁作业、洗消作业、盘点作业、补货作业、转市作业、收市作业六大问题。要把握每日清洁、定期清洁、随时清洁三者之间的关系，这是收市环节通过制度、方法、工具来解决问题。

（2）厨务岗位作业检查

①市前厨务作业检查。要解决个人卫生、环境卫生、食材卫生，设备设施、工具用具、工作执行六大问题。要把握正确时间、正确用人、正确做事三者之间的关系，这是工作设计、工作执行、食品安全的具体保障。

②市中厨务作业检查。要解决持续出品、稳定出品、批量出品，生熟分开、码放管理、随时打理六大问题。要把握用货补货、烹饪过程、工具用具三者之间的关系，这是工作协作、失误管理、事件管理的关键设计。

③市后厨务作业检查。要解决收市管理、盘点管理、码放管理、补货管理、食安管理、清洁管理六大问题。要把握工作设计、工作执行、评价管理三者之间的关系，这是工作流程、工作节点、工作细则的关键设计。

（3）行政岗位作业检查

①市前行政作业检查。要解决办公单元、仓管单元、财务反映、网管单元、工程单元、公共事务六大问题。要把握工作单元、工作岗位、工作开启三者之间的关系，牢记工作岗位、每日清洁、检查评价工作设计。

②市中行政作业检查。要解决行政单元、行政岗位、工作支持、盘点工作、记账工作、表单整理六大问题。要把握自我管理、自我完善、做好自己三者之间的关系，这是账账相符、账物相符、物物相符的关键设计。

③市后行政作业检查。要解决空调管理、照明管理、电源管理、设备管理、归档管理、日志管理六大问题。要把握流程设计、细则设计、责任设计三者之间的关系，这是行政体系收市、打烊、打理关键工作设计。

九　健康食堂智力赋能
——智慧导入升级

健康食堂智力赋能有三层含义：一是门店（食堂）服务、厨务、行政三大体系智力赋能，二是配销、分销、配送三个层级智力赋能，三是门店（食堂）与配销、分销之间交流互动适配。这是动态运行的前提。

关于商业模式，看到的是门店（食堂）运营，比拼的是背后体系。物流体系是门店（食堂）运营的支持体系。今天，没有物流体系加持，只拼销售终端业绩，获利能力会很低。显然，要用智慧导入解决问题。

（一）服务体系智能导入

本节专题“服务体系智能导入”，包括人脸识别交易设计、分量称重营养标注、健康档案数据管理内容精要以及关键词分析。

1. 人脸识别交易设计

关键词：交易模式智能设计、管理模式智能设计、智能工具运用设计。

（1）交易模式智能设计

①交易规则实现设计。交易规则是交易模式的关键内容，交易模式是交易规则的表现形式。交易模式是围绕交易规则展开内容性、层次性、表现性、匹配性的设计，并以智慧思维、智力赋能、智能运行来呈现。

②交易信息智能获取。交易模式运行的本质是获得顾客的交易信息。传统交易模式，在获得顾客信息方面是滞后的，信息量也是有限的。智能交易模式在获取顾客信息方面更便捷、全面、主动、准确、务实。

③交易模式智力赋能。人脸识别交易模式背后是健康档案、打卡出勤、配餐用餐等诸多内容设计。智力赋能为人脸识别交易模式赋予营运技术、管理技能、工具技巧，背后呈现的是“一站式”消费、服务和体验。

（2）管理模式智能设计

①管理模式深度理解。管理模式支持交易模式，通过管理模式的运行，使全部交易行为都能够在管理督导下进行，使所有关键节点都能够受到管控，并通过管理模式获得用餐人数、周转比率、预货补货等信息。

②交易数据时点统计。管理模式通过获取时点交易数据并据此进行统计分析，以指导门店（食堂）运营，这是导入智能管理的逻辑。交易数据是饭市数据、时段数据、时点数据的集合，智能设计使交易更准确。

③移动即时时点管理。智能管理模式强调移动管理、即时管理、时点管理，运用智能监控技术、智能对讲技术、智能演示技术，将管理手段落实在门店（食堂）营运全过程、全时段、关键点，使管理能落地。

（3）智能工具运用设计

①经营数据运用分析。智力赋能使管理模式更高效、精准，为饭市经营提供支持，特别是在获得经营数据方面，如人流数据、交易次数、产品数目、产品比例等信息，智能管理模式更具有追溯、分析、增效作用。

②管理数据运用分析。智能管理模式在获取数据信息的同时，可以便捷、准确地利用这些数据进行督导管控，如依据坪效、劳效、人效等数据做绩效评价；利用成本率、毛利率、利润率指标评价经营活动。

③智能工具晋级分析。智能工具支持智能模式，智能工具应契合智能模式的运行需要，适度使用、适度推进、因地制宜，在运算速度与传输效率上符合企业发展实际的需要。当然，智能模式要升级，工具要晋级。

2. 分量称重营养标注

关键词：产品分量称重设计、产品营养标注设计、营养标注智能表现。

（1）产品分量称重设计

①顾客称重健康诉求。健康食堂以顾客健康为中心，份量称重是为顾客健康档案、顾客饮食须知做基础支持。份量称重能获取顾客选择品种、组合、份量数据，通过恪守定期健康饮食，对标顾客健康档案数据。

②食材总量智能称重。健康食堂运营要使用食材，在品类、品种、品质、价格方面，食材进货复杂、漏洞繁多，是运营止损盈利的重要环节。智能称重通过智能设备、智能工具、表单跟进能规避损失。

③产品制作智能称重。健康食堂产品制作是健康食品的操作，智能称重为产品制作把关，食材主料、辅料、餐料、调料的智能称重决定了出品的份量，需要对标准餐单智能称重、工艺文件智能称重进行深层解读。

（2）产品营养标注设计

①单份产品营养标注。健康食堂产品标配是营养标注，包括蛋白质、脂肪、糖、无机盐（矿物质）、维生素、水和纤维素 7 类营养元素。单份产品的营养标注要对这 7 类营养元素做出数据说明，并让顾客阅读。

②产品组合营养标注。就单份产品而言，在营养标注的基础上，健康食堂要运用智能手段对顾客选择的产品进行营养标注，虽然也是 7 类营养元素数据组合，但这是对“单份产品 + 单份产品 = 组合产品”的营养解读。

③数据参照营养标注。营养标注无论是单份产品还是组合产品清单设计，都需要对应顾客的个人健康指标，都需要对应顾客现阶段身体情况，围绕营养均衡、缺啥补啥、适度进补的原则，这是营养标注的要义。

（3）营养标注智能表现

①营养标注的前期导入。营养标注是系统工程，需要智能硬件、智能软件的前期导入，需要运行流程、工作标准的操作训练，在此基础上，做好食材原料、智能称重、成本水平、工艺技法和智能语言信息输入工作。

②营养标注的现实表现。营养标注是为顾客服务的，顾客打餐结算后，通过智能设备便可查询、关注、打印餐品选择的营养标注数据。使顾客能一目了然，了解本次选餐的营养构成，掌握本餐营养元素摄入情况。

③营养标注的存储查询。数据存储是指当顾客打餐后，这餐的营养数据已即时存储于该顾客的个人健康档案中，顾客可以凭借个人智能码随时随地查询某一餐、某一天的营养数据，获得现阶段饮食营养元素摄入建议。

3. 健康档案数据管理

关键词：个人健康数据管理、公共健康数据管理、健康档案数据运用。

（1）个人健康数据管理

①建立顾客健康档案。顾客健康档案是健康食堂落地实施的重要选择，要为健康食堂的每位顾客建立专属的个人健康档案，记录顾客健康状态、饮食状况、营养状况，并做出针对性的饮食建议与锻炼提议。

②健康档案约定分析。在建立顾客健康档案的基础上，以经过科学认定的社会大众健康营养指标为标的，对照顾客的健康状况，分析顾客身体状况与健康状态，例如体脂率高出5%，针对顾客状况给出饮食注意事项。

③个人健康跟进分析。在分析健康档案的基础上，对没有达到标准指标的顾客给出营养膳食建议，跟进其每餐就餐过程，了解其真实就餐产品，掌握其营养摄入情况，实现持续跟进、完全掌握、给出建议管理期许。

（2）公共健康数据管理

①健康信息内容设计。信息内容是健康档案的关键，信息内容涵盖面很广泛，涉及姓名、性别、职业、年龄等基础信息，以及身高、体重、肥胖等身体信息，还有血压、血糖、血脂、心脏等健康信息，构成健康档案。

②健康数据指标设计。健康数据指标是对顾客健康数据的描述，并与基础健康标准做出比较分析，如血压数据、肥胖指数、血脂状态。结合顾客个人的饮食偏好与实际指标数据，给出需要注意的饮食产品选项。

③健康档案管理跟进。健康档案需要不断地补充与完善，并有专业跟进管理。专人定时进行信息更新、内容补充、指标分析，并对顾客的生活起居、工作用餐、健身方式给出针对性建议。健康档案管理需要持续跟进。

（3）健康档案数据运用

①健康数据对比运用。关于健康档案，健康数据是基础标配，既有大众通用的标准数据，又有个性专属的个人数据。标准数据与个人数据对标比较，可定义、分析个人健康情况，判断个人真实的身体健康状态。

②健康数据指标运用。顾客健康档案中的个人健康数据，是顾客个人在现阶段的专属指标，与顾客现阶段的生活规律、起居状况、饮食方式密切相关。在运用个人健康数据做对标分析时需要充分考虑这些因素。

③健康数据信息运用。在对顾客健康指标进行对标分析的基础上，给出顾客在日常饮食方面的建议，如每天增加10%的粗粮；一个月内每天减少25克肉质产品的食用。健康饮食辅导是健康档案管理的必修作业内容。

（二）厨房体系智能设计

本节专题“厨房体系智能设计”，包括营业预估预货设计、验货称重用货设计、餐线档口零点设计内容精要以及关键词分析。

1. 营业预估预货设计

关键词：往期数据内容参照、相关因素内容考虑、数控语言置换分析。

（1）往期数据内容参照

①每日销售原始数据。这是营业预估预货的基础之一，销售前期数据已作为原始基础数据存入餐饮企业财务体系。销售终端在营业预估过程应参照往期实际营业数据，利用数学模型做出相应期限的营业数据预测。

②每日食材预货数据。这是营业预估预货的基础之二，营业预估是为了预货，即为下一阶段营运做食材、原料、物料准备。在营业预估的基础上，还要掌握往期食材预货的原始数据，并做出食材数量精准准备。

③每日物料预货数据。这是营业预估预货的基础之三，营业预货不仅是食材原料的准备，还包括工具、餐具、器皿、能源等物料的准备。物料预货同样是在掌握往期相关数据的基础上展开的，这是预货的逻辑基础。

（2）相关因素内容考虑

①节日假日因素考虑。营业预估预货还应考虑营运周期遇到节日假日影响因素。节日假日是餐饮企业的繁忙期、揽金期，会需要比平日更多的食材、物料，因此要准备更多的食材、物料来支持节日假日营运。

②营销推广活动考虑。营业预估预货也应考虑营运周期遇到营销推广活动影响因素。餐饮企业营销推广活动能吸引更多顾客、刺激顾客消费、提升营业额，因而需要准备更多的食材、物料，以满足营运需求。

③特殊天气因素考虑。营业预估预货还应考虑营运周期遇到特殊天气因

素。雨雪、极冷、雷电、暴晒、极热、雾霾和大风等特殊天气以及不可预见的地震、台风等因素，都会给门店营运带来影响，需要高度关注。

（3）数控语言置换分析

①智能设备语言导入。运用智能设备做营业预估预货，需使用智能设备能够识别的语言。现实中智能软件发挥作用，通过流程设计、标准设计、模型设计将经营数据转化为设备语言，实现人流与数据转化。

②前期营运数据导入。营业预估预货作业，参考往期营运原始数据是必修功课，智能设备为预估预货带来操作便捷、数据精准的结果。当然，需要将往期营运数据输入智能设备，后期工作再由智能设备完成。

③预估预货数控工具。使用智能设备进行营业预估预货，要使用专业的操作工具，如厨房预估表单、厨房领货表单、厨务营运手册、厨务管理手册，专业工具组合使数控在设计轨道内运行，并保证结果精准。

2. 验货称重用货设计

关键词：验货称重智能硬件、验货称重智能软件、验货用货数控语言。

（1）验货称重智能硬件

①验货称重设备设施。餐饮企业验货称重需要使用专业的设备设施，如地秤、台秤、笼车、泵秤、地拖车、传送带和检疫机等。针对采购品种与品类，选择、配置、运用专业验货称重设施，导入智能解决问题。

②设备设施智能操控。智能型验货称重设备设施，使验货称重作业更加简单、结果更加准确，如智能地秤使载货车辆称重瞬间完成；智能检疫机使物料检疫即时完成。国际物流巨头麦德龙的运营模式是应用智能的典型案例。

③数据信息生成存储。设备设施的智能表现还在于，每次验货称重作业生成都有相应品类、品种基础数据的生成与存储，并能保存一定期限，还可以查询、追溯，以便进行数据检索、数据运用和数据管理。

（2）验货称重智能软件

① BOM 表的运用分析。BOM 表即物料清单，是以数据格式来描述产品结构的文件，是计算机可以识别的产品结构数据文件，也是 ERP 资源管理

的主导文件。在 ERP 中，通过多种制式的 BOM 表生成识别产品结构系统。

②便捷式的智能软件。在生成 BOM 表的基础上，利用便捷式的验货称重智能软件，如手持式扫描器、袖珍式点数器，可以在任何地点、任何状态的验货环境下，从事验货称重作业，这就是智能软件的优势所在。

③存储式的智能软件。便捷是智能软件的一大优势，存储是其另一个优势。所谓存储是指验货称重的数据存储，是对每次验货称重作业生成的原始数据，在智能软件中形成记忆与储存，供使用人员随时调取与使用。

（3）验货用货数控语言

①硬件管理数控语言。硬件有硬件使用的语言，以验货语言为例，诸如合格、拒收、毛重、净重、净料，这既是仓储验货作业常用的语言，又是参与验货工作人员都懂得的语言。数控语言定义验货用货作业。

②软件管理数控语言。软件有软件使用的语言，诸如 POS、BOM、AI、ERP 都是智能软件使用的语言。通过智能软件语言，链接验货与用货各个作业单元，打透封闭的语言区隔，以实现串联、沟通、对接作业。

③验货用货运行语言。在验货用货作业中使用智能设备，要运用智能设备能够读懂的语言，即通常所说的“行话”，如验收工作规范语言、厨务管理规范语言，这是经验法、物理法、化学法、生态法经验的积累运用。

3. 餐线档口零点设计

关键词：持续连续出品设计、稳定精准出品设计、安全卫生出品设计。

（1）持续连续出品设计

①导入硬件智能技术。健康食堂餐线与档口要想实现持续出品、连续出品的设计要求，应导入智能设备硬件技术，如传输计数设备、智能称重设备、智能交易设备，以提升餐线、档口、零点的工作效率与准确性。

②导入软件智能技术。在导入硬件智能技术的同时，还需借助软件智能技术，共同支持餐线、档口、零点的持续连续出品，如人脸识别软件、POS 交易软件、财务统计软件，以确保持续出品、连续出品的正确性。

③持续出品数据管控。在硬件、软件智能技术不断加持的背景下，对持

续出品、连续出品的管控成为必须，诸如出品数量溯源、产品制作溯源、食品安全溯源的溯源管控，以及数据统计、数据分析、数据管控。

（2）稳定精准出品设计

①数字技术保障稳定。智能技术中的数字技术、数据管控，保障了餐线、档口、零点出品的稳定性，包括数量稳定、单品稳定、组合稳定、工艺稳定、技法稳定、交易稳定、结算稳定等，这是智能技术的运行功效。

②数控技术保障准确。智能技术中的数控技术，如出品数量控制、交易数据控制、结算统计控制，保障了餐线、档口、零点出品的准确性。正确出品是第一位的，准确交易是必需的，精准结算分析是首要的。

③智能技术支持出品。智能技术为健康食堂日常运行提供支持，围绕健康出品做文章，持续出品、连续出品、定量出品、正确出品和准确出品，智能技术使看似简单的出品体现出技术、智能、智力思想。

（3）安全卫生出品设计

①安全智能技术运用。运用智能技术对健康食堂进行安全管控，如智能安全监控、远程安全监控、探头智能监控，旨在保证健康食堂运行的安全性，这是运用智能技术的初衷，要导入安全管控的手段、方法、工具。

②卫生智能技术运用。运用智能技术对健康食堂的食品安全进行管控，如产品留样技术、食安追溯技术、清洁流程技术，通过智能技术与食品安全相结合的手段、方法、工具，保障健康食堂食品安全达标。

③出品智能技术运用。为了保证餐线、档口、零点出品的安全与卫生，需要运用相应的智能技术，如远红外扫描技术、扫码清点技术、营养标注技术、营养查询技术和智能技术为健康食堂出品提供智力保障。

（三）行政体系智能布局

本节专题“行政体系智能布局”，包括申购采购对接设计、周转央仓对接设计、加工配送对接设计内容精要以及关键词分析。

1. 申购采购对接设计

关键词：申购采购环节对接、申购采购数据对接、申购采购智能对接。

（1）申购采购环节对接

①申购作业环节描述。申请采购是由连锁门店、中央仓储完成的作业。一方面，连锁门店在预估预货的基础上向物流体系的信息中心提出申购；另一方面，中央仓储根据库存情况进行申购，实现安全库存。

②采购作业环节描述。采购部门接到信息中心与中央仓储的请购要求后，启动采购作业流程。对于新的采购品种，寻找新的供应商；对于原有的采购品种，执行规范的采购作业。上述作业的前提是与申购对接。

③申购采购作业对接。申购作业对接采购作业，一方面是连锁门店申购，通过信息中心对接采购作业；另一方面是同为物流体系的仓储部门申购，直接对接采购作业。申购采购的对接是采购作业的前提条件。

（2）申购采购数据对接

①申购作业数据运用。无论是连锁门店申购作业，还是中央仓储申购作业，都需要运用数据指标来实现，如 D018 鸡腿 200 只；A001 大米 1000 千克。当然，这些数据指标都是申购部门、采购部门已经熟悉的语言。

②采购作业数据运用。采购作业数据有两个方面的含义：一方面是采购部门向供应厂商发出采购要求时使用的数据，如 SD0123 鸡腿 200 只；另一方面是采购部门完成采购作业的结果数据，如入库 DB1234 大米 1 吨。

③申购采购集合运用。无论是申购作业数据，还是采购作业数据，都以申购采购对接运行为条件，可以说是通过数据将申购与采购对接并串联起来，实现作业流程贯通、作业数据共用、运行数据集合的预期。

（3）申购采购智能对接

①申购智能 ERP 运用。ERP 即企业资源计划。无论是连锁门店申购，还是中央仓储申购，均运用 ERP 系统，集信息技术与先进管理思想于一体，通过智能技术完成申购作业，并与采购环节实现智能化对接。

②采购智能ERP运用。ERP系统应用于采购，为采购作业进行智力赋能：采购订单生成、排序、下单智能化，供应厂商选择、契约、管理智能化，采购作业执行、结果、评价智能化，采购信息统计、管理、分析智能化。

③申购采购链接运用。导入ERP系统，将申购与采购环节打透，形成了流程化、可操作、高效率、可评价的闭环智能系统。围绕餐饮供应链管理的核心思想，以智能优化配置采购资源，实现降本掘金的预期。

2. 周转央仓对接设计

关键词：周转央仓环节对接、周转央仓数据对接、周转央仓智能对接。

（1）周转央仓环节对接

①周转存储作业环节。周转存储包括两项内容：一是连锁门店仓储，仓储作业是为连锁门店日常营运提供仓储服务的；二是中央仓储设立的分类仓储，仓储作业是中央仓储实现配销与分销功能，为连锁经营服务的。

②中央存储作业环节。中央存储即连锁经营企业物流体系的仓储系统，承担着为连锁企业、外联企业提供仓储服务的功能。中央存储根据连锁经营需要，设立不同类型的周转仓库，从事配销与分销仓储作业。

③周转央仓环节链接。周转仓储与中央仓储的链接，打透了门店仓储与中央仓储、周转仓储与中央仓储的端口，使两者在作业流程、工具运用、规范操作、智能技术和业绩评价上串联起来并产生效益。

（2）周转央仓数据对接

①周转仓储数据的运用。周转仓储以基础数据为作业核心，不但围绕数据进行作业，而且生成作业数据，所以才形成数据管控。周转仓储数据涉及仓库面积、人员配备与仓储存量、库存品种数据等诸多内容。

②中央仓储数据的运用。中央仓储作业是在数据运用基础上的实践，从仓库容积最大限度使用到仓储品种数据信息，从仓库分类数据管理到仓储作业数据生成，从仓库每天进出数据到仓储工作业绩评价，以数据为依据。

③周转央仓数据的运用。周转仓储与中央仓储的对接，使得两个仓储的作业数据相互链接，既可以实现数据共享共用，又可以增加仓储数据的有效

实用性，在赋予数据智能化的基础上，实现数据管控及信息管控。

（3）周转央仓智能对接

①周转仓储智能技术。周转仓储需要导入智能技术，以实现提高效率、准确高效的工作目的。周转仓储智能技术，涉及实时分拣技术、智能称重技术、扫描识货技术、消毒防疫技术、即时结算技术等内容。

②中央仓储智能技术。中央仓储需要智力赋能、技术加持，这是强化仓储管理、提升管理效率、降低管理成本的必须。仓储智能技术涉及恒温恒湿技术、货位计数技术、吨位计算技术、消杀防疫技术等内容。

③周转央仓智能链接。周转仓储与中央仓储进行智能链接，可以使智能技术贯通并应用于仓储管理的大系统中。需要注意的是，应以科技为主线，硬件与软件持续升级，强调在工作环节与作业节点的智能技术运用。

3. 加工配送对接设计

关键词：加工配送环节对接、加工配送数据对接、加工配送智能对接。

（1）加工配送环节对接

①加工环节作业要点。加工环节是配销体系的重要单元，承担着为销售终端提供净原料、半成品、产成品的加工生产任务。工作规范设计、作业标准控制、食品安全把控、交易模式正确等是加工环节的要点。

②配送环节作业要点。配送环节是配销体系的末端，将终端需要的物料安全、及时地送到目的地，这是配送工作的要求。保持物料品质、准时安全送达、强化食品安全、交接交易正确等是配送作业的要点。

③加配一体作业要点。加工环节对接配送环节，即加配一体模式。加工是配送的载体，配送是加工的延续，加工与配送共同支持销售终端。通过食品安全控制、物料品质控制等工作要点，完成加配一体作业。

（2）加工配送数据对接

①加工作业运行数据。诸如食材加工量、半成品加工量、产成品加工量、加工品种数据、需要配送数据、需要入库数据等，都是加工作业生成的运行数据，基础数据需要分析管控，这是加工作业数据运用的逻辑。

②加配一体数据链接。加配一体不仅是流程链接与环节对接，而且是数据共享与资源共用。从终端定制加工量到配送到店交接数量，从定制加工标准说明到配送到店验收标准，数据链接旨在强化数据管控。

③配送作业运行数据。基础数据是配送作业的工作写真，从配送计划始，至配送日志终。配送作业诸如日配物料总量、单位承载数量、安全指标数量、配送交接记录，要以运行数据为基础实施数字控制。

（3）加工配送智能对接

①加工作业智能技术。加工作业智能技术涉及智能称重技术、智能加工机械、远红外线技术、电磁烹饪技术、负氧离子加工、食材加工技术和品质追溯技术等内容。新技术的持续导入，使智能化加工技术不断创新升级。

②配送作业智能技术。配送作业智能技术涉及冷链温度保持技术、热链温度维护技术、配送载体称重技术、配送数量计算技术、无人配送模式技术和在线交接验收技术等内容。智能技术的不断加持，使配送技术持续创新升级。

③加配一体智慧升级。加配一体智力赋能是在加工技术与配送技术双向复合打透基础上的一体化，随着智能技术的不断升级，加配一体也在技术思想指导下不断升级，这是智能技术指导加配一体的逻辑链。

十　健康食堂督导管理
——督导解决问题

团餐企业连锁经营要完成从品类起家、区域连锁、跨区经营、大中国区四级跨越。每次跨越都要把握“从上向下设计、从下向上实现”这条主线，每次转型都要把握递延转型、倒推转型、叠加作业的商业实践。

团餐企业连锁经营是总部连锁、部门支持、门店复制的商业逻辑。笔者在《连锁帝国总部设计：餐饮产业主流模式》中，对连锁经营12字方针做了思维、方法、工具层面的注释，本章讲解区域连锁督导体系。

（一）总部经济体系设计

本节专题“总部经济体系设计”，包括总部经济方针设计、区域连锁体系设计、门店复制对接设计内容精要以及关键词分析。

1. 总部经济方针设计

关键词：总部连锁总部经济、部门支持专业赋能、门店复制软体复制。

（1）总部连锁总部经济

①总部经济顶层设计。要把握研发总部、营销总部、管理总部、营运总部、投资总部、平台总部六大问题。要解决顶层设计、转化执行、底层逻辑、闭环管理、平台经济实现问题，享受政府工程带来的红利。

②总部连锁精准释义。要把握区域总部、总区总部、地区总部、大区总部、大中国区、世界总部六大问题。要解决店铺数量、布局依据、跨区经营数字背后的战略布局，用点多面广增加覆盖面、提升占有率。

③总部方针工作指南。要把握总部连锁、部门支持、门店复制、规模设计、规模经济、集约经营六大问题。要解决单店、连锁、产业、资本经营四个发展阶段背后的使命期、制度期、管理期、文化期之间的关系。

（2）部门支持专业赋能

①业务体系部门支持。要把握营建部门、营运部门、研发部门、营销部门、训练部门、兼职专职六大问题。要解决横向分工、纵向分工、双制对接运行问题，通过规则制定、规范设计、软件赋能来提升效率。

②物流体系部门支持。要把握采购部门、仓储部门、加工部门、配送部门、信息中心、关联耦合六大问题。要解决内部运行、对外运行、对下运行规则设计问题，使供应链成共赢链，从成本中心向利润中心跃迁。

③行政体系部门支持。要把握人力部门、财务部门、网管部门、公共事务、工程部门、综合办公六大问题。要解决组织设计、事业部制、自负盈亏、双制对接和智力赋能问题，使用智能软件以提升办公效率。

（3）门店复制软体复制

①服务体系软体复制。要把握客服单元、服务单元、传菜单元、收银单元、水吧单元、清洁单元六大问题。要解决工作设计、岗位说明、工作细则、训练指导、用工制度间的关系，通过服务优化提升服务效率。

②厨务体系软体复制。要把握开生单元、切配单元、打荷单元、烹饪单元、冷菜单元、面点单元的组织设计。要解决洗消单元、档口单元、垃圾管理，以及全能厨房、共享厨房、配送厨房链接设计的实现问题。

③行政体系软体复制。要把握文员单元、仓管单元、财务单元、网管单元、工程单元、内保外保六大问题。要解决单元内部、单元之间、单元对上对接链接关系，行政体系要靠规则实现专职与兼职的工作设计。

2. 区域连锁体系设计

关键词：直营连锁区域管控、加盟连锁区域管控、差异连锁区域管控。

（1）直营连锁区域管控

①直营连锁架构设计。要把握人口门槛、布局规则、消费能力、直线体制、点多面广、提升业绩六大问题。要解决直营连锁、品牌打造、规模经济核心问题，要规避产品老化带来的规模不够，即规模不经济问题。

②直营连锁运营设计。要把握区位设计、区域设计、总区设计、跨区经营、大区经营、大中国区六大问题。要解决效率问题、效能问题、效益问题，把组织做实、把制度做实、把机制做实、把管理做实，旨在收获预期。

③直营连锁督导管理。要把握目标控制、职务管理、营运督导、电子商务、探头控制、顾客调研六大问题。要解决远程控制、督导管理、评价管理的组合运用问题，督导管理是体系、是功能、是课程，需要研习。

（2）加盟连锁区域管控

①加盟连锁本质分析。要把握契约管理、营销复制、督导管理、产品复制、服务复制、环境复制六大问题。要解决招商加盟、供应链条、支持体系到位问题，解决生命周期、批次效应、鸡毛一地等乱象问题。

②合伙制的全新释义。要把握加盟连锁、直营管理、上市经营、门店合伙、物流合伙、部门合伙六大问题。要解决股份制度、合伙制度、计件制度的深度实务，即解决资本积累缓慢、资本集中实现难的手段。

③加盟连锁退出问题。要把握盈利实现、持平问题、亏损解决、一次住院、二次住院、关店决策六大问题。要解决股份回购、亏损买断、退出机制最大问题，要从法律层面、政策层面、制度层面来解决问题。

（3）差异连锁区域管控

①城市体量限制问题。要把握省会城市、地级城市、县级城市，业态选择、店态选择、业种选择六大问题。要解决人口门槛、业态布局、规模预期彼此之间的关系，差异连锁是解决总部产能过剩的有效途径。

②副品牌的生成问题。要把握单一品牌、复合品牌、综合品牌、第二品牌、第三品牌、企业集团六大问题。要解决品牌资产、示范效应、副牌生成带来的集约经营、财富曲线、利润中心和优势互补的实现问题。

③跨区经营布局问题。要把握地区总部、跨区经营、区域连锁、营运托管、行政极简、物流直供六大问题。要解决地区总部、大区总部、大中国区的实现问题，这是中国餐饮企业连锁经营阶段要跨越的门槛。

3. 门店复制对接设计

关键词：服务体系标准复制、厨务体系标准复制、行政体系标准复制。

（1）服务体系标准复制

①服务体系营运指南。要把握工作单元、工作岗位、工作人员，制度设计、表单设计、手册设计六大问题。要解决服务体系营运思路、方法、工具运用问题，在时间约束下，人们知道做什么、怎么做、怎样评价。

②服务体系值班管理。要把握业务作业、行政作业、管理作业，时间管理、饭市管理、现场管理六大问题。要解决市前管理、市中管理、市后管理，开铺打烊、计划日志、表格单据应用问题，向管理要效益。

③服务体系作业管理。要把握工作设计、岗位说明、流程设计、节点设计、细则设计、执行设计六大问题。要解决工作指导转化、实施、落地问题，导入精益管理，用岗位工作检查助力服务岗位效率升级。

（2）厨务体系标准复制

①厨务体系营运指南。要把握预估预货、验货用货、持续出品、餐单设计、工艺文件、加工制作六大问题。要解决厨务高效运营、分工协作、批次出品、稳定出品问题。用工艺文件实现厨房标准作业与复制。

②厨务体系值班管理。要把握单元管理、动线管理、人机配合、工艺文件、适度标准、评价反馈六大问题。要解决单元岗位、厨务服务、厨务行政组合运用问题，深刻理解“互联网+”为厨务营运带来的机会。

③厨务体系作业管理。要把握空间布局、动线设计、设备设施、表格单据、工作检查、台账运用六大问题。要解决劳动密集、效率低下、模糊烹饪导致的问题，用训练考核、阶段升迁、制度创新来提升效率。

（3）行政体系标准复制

①行政体系营运指南。要把握文员单元、仓管单元、财务单元、网管单元、工程单元、内保外保六大问题。要解决双制对接、支持体系、自负盈亏原则问题，以及兼职作业、专职作业、作业规范的实现问题。

②行政体系值班管理。要把握文员办公、仓管在岗、财务在职、网管在线、工程在案、关联耦合六大问题。要解决服务体系、厨务体系、行政体系责任设计与责任担当问题，反之，就很难根治人浮于事的顽疾。

③行政体系作业管理。要把握专业赋能、工作设计、流程对接、独立运行、组合运行、综合运行六大问题。要解决工作指导、工作评价、工作反馈常态作业问题，行政体系人员配置，导入事业部制以解决问题。

（二）远程控制六项工具

本节专题“远程控制六项工具”，包括战略目标职务管理、营运督导顾客调研、探头监控电子商务内容精要以及关键词分析。

1.战略目标职务管理

关键词：战略目标体系控制、职务管理工具控制、目标工具组合控制。

（1）战略目标体系控制

①定量目标控制体系。要解决发展目标、增长目标、投资目标、追加目标、转型目标、撤店目标六大问题。要把握量化表述、数据表述、数字表述的关键点，即能够用数字表述的最好用数字表述以便执行。

②定性目标控制体系。要解决态度表述、信心表述、信念表述、观念表述、性质表述、情绪表述六大问题。要把握宗旨使命、经营哲学、管理理念等无法用数字表述的目标，要精准定义、规范用语与执行落地。

③状态目标控制体系。要解决时间表述、路线图示、里程标注、进度表格、责任人员、延误说明六大问题。要把握计划推进、转化执行、担责追溯管理设计，人有情绪、有状态，要用状态目标控制进度。

（2）职务管理工具控制

①职务说明管理工具。要解决职务分析、工作设计、职业心理、动作经济、劳动保健、责任担当六大问题。要把握组织设计、职位设计、人员配置的依据，在此基础上拟订工作流程、工作细则和工作指导。

②岗位说明管理工具。要解决岗位分析、岗位设计、工作心理、工作标准、工作频率、劳动能力六大问题。要把握中等体力、中等付出、中等效率的标准，在此基础上拟订岗位流程、作业细则和作业指导。

③工作流程管理工具。要解决工作范围、工作内容、工作设计，接受训

练、接受指导、接受评价六大问题。要把握人性假定、应岗能力、工作效率的综合评价，运用工作流程、工作节点和工作细则解决问题。

（3）目标工具组合控制

①目标控制深度分析。要解决定量目标、定性目标、状态目标、计划设计、任务分派、评价反馈六大问题。要把握目标设计、转化执行、评价管理、闭环管理，用目标管理体系去碎片化，实现解决问题的预期。

②工具组合运用分析。要解决价值观念、行为准则、企业精神、制度工具、表单工具、工作指导六大问题。要把握企业文化、制度规范、作业准则组合运用，旨在解决工作态度与工作效率拉动与推动问题。

③目标工具结合分析。要解决目标指引、路线标注、时间约束、制度规范、工作指导、表单运用六大问题。要把握目标管理、工具运用、方法选择的整合，实现目标在前方、道路在脚下、答案靠行动的预期。

2. 营运督导顾客调研

关键词：营运督导排序控制、顾客调研满意控制、督导调研组合控制。

（1）营运督导排序控制

①营运督导接受任务。要解决区域连锁、架构体系、督导配置、营运总监、区域经理、门店店长六大问题。要把握区域等级、营运部门、工作程序设计问题，使直营连锁与加盟连锁区域经理执掌能创造业绩。

②营运督导工作排序。要解决巡铺计划、巡铺路线、巡铺重点，服务区域、厨务区域、行政区域六大问题。要把握计划排序、巡铺实施、亲力亲为之间的关系，设置营运督导职位的目的是使营运督导体系落地。

③营运督导解决问题。要解决经营业绩、管理效益、作业效益、训练执行、顾客关系、业绩波动六大问题。要把握提出问题、分析问题、解决问题的工作方法，用督导报告加图文展示，以解决门店营运问题。

（2）顾客调研满意控制

①顾客满意调研设计。要解决季度为主、按月执行、排定计划、问卷设计、实现流程、礼品置备六大问题。要把握远程控制、营运督导、电子商务

不能解决的顾客真实体验答题，这是亲近顾客的有效方法设计。

②顾客满意调研统计。要解决视频资料、对话整理、抽样调研、统计分析、权重分析、问题分析六大问题。要把握走进顾客内心、破译心理密码、确保客户满意的关系，这对以固定顾客为主的经营尤为重要。

③顾客调研解决问题。要解决线上交流、线下交友、活动设计、恳谈会议、交心会议、忘年会议六大问题。要把握餐单创新、企业店庆、活动福利等接近顾客的最佳机遇，拉进与顾客的心理距离，使经营可持续。

（3）督导调研组合控制

①营运督导价值分析。要解决人员配置、区域覆盖、业绩升级、直营满意、加盟满意、合作满意六大问题。要把握导入营运督导、没有营运督导两者之间的比较分析，用数据说明精益管理与野蛮生长之间的差异。

②顾客调研作用分析。要解决时段设计、选题设计、问卷设计、采访设计、会议恳谈、活动设计六大问题。要把握交流交友、深度访谈、满意调研之间的关系，运用统计方法得出顾客满意权重来解决问题。

③督导调研综合分析。要解决区域管控、远程控制、督导管理、顾客满意、顾客评价、顾客反馈六大问题。要把握营运督导、顾客调研、双核工具，以顾客为出发点与落脚点，解决作业管理与值班管理问题。

3. 探头监控电子商务

关键词：探头监控即时控制、电子商务线上控制、探头商务组合控制。

（1）探头监控即时控制

①远程监控探头设计。要解决移动控制、时段控制、时点控制，督导管理、巡铺管理、现场管理六大问题。要把握督导管理、现场管理、走动管理方法的不足，用设备设施提升督导管理的精度、准度和效率。

②区域覆盖点位设计。要解决服务区域、厨务区域、行政区域、公共区域、重点区域、通路过道六大问题。要把握全景拍摄、持续跟进、监督管理导入对人员的生理与心理约束设计，用设备设施做监控管理。

③监控摄像管理设计。要解决每日监控、每周监控、每月监控，档案存

储、档案管理、档案销毁六大问题。要把握追溯管理、时间管理、档案管理之间的规则设计。一般来讲，监控摄像档案管理有效期为 3 个月。

（2）电子商务线上控制

①线上会议控制分析。要解决国际项目、时差调整、同步设计，告知会议、通过会议、讨论会议六大问题。要把握会议选题、会务准备、会议流程相关效率问题，用电子商务来实现谈判、沟通、会议线上经济。

②线上训练控制分析。要解决远程训练、集中组织、同步实现、训练选题、训练实施、图文编辑六大问题。要把握应岗训练、星级训练、管理训练的具体实现问题。防疫、卫生、安全训练选题也能在线上实现。

③文件传输控制分析。要解决营业日报、每日申购、出勤统计、公司发文、文件布置、文件反馈六大问题。要把握无纸办公、文件上传、文件下传效率问题。导入办公 OA 软件配合文员办公使文件传输顺利进行。

（3）探头商务组合控制

①探头监控作用分析。要解决探头布局、电子眼睛、实时监理，全景覆盖、无缝链接、移动管理六大问题。要把握现场管理、走动管理、督导管理本身存在的缺陷，用探头监控的区域覆盖力解决监控问题。

②电子商务功能分析。要解决远程会议、远程训练、远程办公、线上办公、时差管理、同步管理六大问题。要把握硬件导入、软件导入、运营程序带来的效率升级，以解决机构、公司、企业远程商务办公实现问题。

③探头商务组合分析。要解决移动控制、时段控制、时点控制，远程会议、远程训练、远程办公六大问题。要把握探头监控、电子商务办公的机会与问题，通过探头商务两大功能体系组合把问题转化为机遇。

（三）督导报告解决问题

本节专题“督导报告解决问题”，包括营运督导巡铺计划、营运督导巡铺诊断、督导报告解决问题内容精要以及关键词分析。

1. 营运督导巡铺计划

关键词：营运督导工作设计、营运督导巡铺排序、营运督导日志分析。

（1）营运督导工作设计

①营运部门工作分析。要解决城市等级、总部等级、部门等级，工作分析、工作设计、工作内容六大问题。要把握工作宽度、工作深度、工作力度，即营运部门存在依据问题，在此基础上设定营运工作秩序。

②营运督导工作设计。要解决代表总部、传达方针、作业指导、代表门店、解决问题、反馈问题六大问题。要把握职务定位、角色定位、能力定位之间的关系，真正贯彻总部方针政策，反馈不能解决的问题。

③营运督导计划设计。要解决年度计划、半年计划、季度计划、月度计划、每周计划、每日计划六大问题。要把握区域经理、门店店长、体系经理的计划链设计，实现从计划设计开始，以日志检讨结束的预期。

（2）营运督导巡铺排序

①负责管辖营运点位。要解决直营连锁、距离设计、门店数量、加盟连锁、门店数量、资源配置六大问题。健康食堂营运督导巡铺排序，要把握5家门店建区位、25家门店建区域、125家门店建地区精准管辖命题。

②制定每周巡铺秩序。要解决辖区巡铺、跨区巡铺、远程巡铺，时间排序、作业排序、线上排序六大问题。健康食堂制定每周巡铺秩序，要把握智力赋能、智力密集、软件打透背景下督导巡铺效率升级的含义。

③专业职业执行分析。要解决专业训练、经验积累、能力升级、职业做事、敬业爱岗、客户满意六大问题。健康食堂专业职业执行分析，要把握督导专业、督导职业、督导敬业，即对督导的督导评价与管理。

（3）营运督导日志分析

①详细记录工作时间。要解决作业管理、工时管理、工效管理、交通管理、路线管理、打卡管理六大问题。健康食堂详细记录工作时间，要把握对营运督导的工时管理、工效管理、工作导图和评价管理事宜。

②详细记录工作事项。要解决服务巡铺、厨务巡铺、行政巡铺、有效沟

通、提出问题、分析问题六大问题。营运督导工作管理，要把握商圈管理、竞争管理、客户满意三大问题的本质，把握不确定性解决问题。

③详细记录解决问题。要解决服务记录、厨务记录、行政记录，首要问题、关键问题、重要问题六大问题。营运督导解决问题，要按流程、节点、细则设计问题顺序，以图文形式分析问题并达成共识。

2. 营运督导巡铺诊断

关键词：服务体系问题诊断、厨务体系问题诊断、行政体系问题诊断。

（1）服务体系问题诊断

①服务值班管理抽样。要解决月度计划、每周计划、每日计划，业务值班、行政值班、值班日志六大问题。服务值班要解决管理自我、管理专业、管理团队营运管理核心命题，实现向管理要效益的预期设计。

②服务作业管理抽样。要解决岗位说明、岗位细则、作业指导，市前作业、市中作业、市后作业六大问题。服务作业要解决工时管理、工效管理、计件管理、人效管理、坪效管理以及劳动密集行业的效率问题。

③锁定具体诊断问题。要解决计划设计、行事日历、问题排序，态度问题、能力问题、训练问题六大问题。问题诊断要解决岗位作业会发生的排班问题、通勤问题、轮岗问题、短工运用和分工协作劳效问题。

（2）厨务体系问题诊断

①厨务值班管理抽样。要解决职务设计、工作设计、管理训练，首要问题、关键问题、重要问题六大问题。要把握解决厨务体系验货问题、用货问题、成本管理、出品效率、盘点问题和补货问题的方法与工具。

②厨务作业管理抽样。要解决值班管理、排班管理、责任管理，人力资源、物力资源、财力资源六大问题。厨务管理要解决成本管理、费用管理、利润管理、顾客满意等命题，用专业、职业、敬业解决问题。

③锁定具体诊断问题。要解决检巡管理、资产管理、责任管理、申购管理、盘点管理、补货管理六大问题。问题诊断要解决在诸多常态管理内容中重点选择两大问题，在厨务值班管理过程中重点解决问题。

（3）行政体系问题诊断

①行政值班管理抽样。要解决服务值班、厨务值班、行政值班，授权管理、担责问题、规则问题六大问题。行政值班要解决服务与厨务值班由值班经理负责，食堂经理归责逻辑，食堂经理负责执掌行政管理。

②行政作业管理抽样。要解决文员办公、仓储作业、财务办公、网管办公、工程作业、公共事务六大问题。行政作业要解决行政六大工作单元岗位作业流程设计问题，食堂经理还要完成与总部行政之间的对接管理。

③锁定具体诊断问题。要解决服务第一、厨务第二、行政第三、支持体系、工作执行、分工协作六大问题。问题诊断要解决行政体系定位、行政单元划分、行政岗位作业、行政双制对接问题，把问题转化为机遇。

3. 督导报告解决问题

关键词：提出问题出示依据、分析问题规则设计、解决问题方法设计。

（1）提出问题出示依据

①巡铺流程着眼规则。要解决区域选定、单元选定、岗位选定，资产完好、运行完好、食安卫生六大问题。巡铺规则要把握问题排序、首要问题、对标分析、巡铺路线和时间管理等问题，把握提出问题的要义。

②聚焦问题拍摄留底。要解决问题点位、场景拍摄、图文展示、事实为据、有效沟通、工作指导六大问题。聚焦问题要把握原则问题、技术问题、态度问题、能力问题的分辨尺度，为解决问题提供有力的依据。

③对标标准提出问题。要解决制度设计、值班管理、作业管理、工作标准、工作规范、工作细则六大问题。对标问题要把握不知、不能、不为三者的划分依据，反思营运手册、管理手册和作业手册训练执行。

（2）分析问题规则设计

①标准规范复习分析。要解决制度规范、管理规范、作业规范，服务标准、厨务标准、行政标准六大问题。标准规范要把握已经拟订的数量标准、文字规范、工作流程纸面文件训练、执行、落地、评价问题。

②图文出示问题分析。要解决事实为据、图片拍摄、文字标注、聚焦问

题、有效沟通、达成共识六大问题。图文出示要把握有理、有力、有据解决问题的思路，这是做职业的事、讲职业道德的基本前提与依据。

③问题呈现要因分析。要解决承认问题、问题解析、要因分析、态度问题、能力问题、交接问题六大问题。问题呈现要把握责任认定、职务担责、相互推诿出现的问题，问 5 个“为什么”，分析要因，解决问题。

（3）解决问题方法设计

①提出问题分析问题。要解决聚焦问题、发现问题、图文出具、深度分析、要因分析、问题分析六大问题。组合运用要把握提出问题是大前提、分析问题是小前提、解决方案是给结论三者之间的逻辑关系。

②达成共识亲自认可。要解决认识问题、认知问题、认可问题，提出问题、分析问题、确定问题六大问题。组合运用要把握营运督导与食堂经理，在有效沟通的基础上达成共识，在工作指导的前提下解决问题。

③解决方案行动计划。要解决约定时间、责任人员、改进方案、工作检查、工作执行、工作评价六大问题。行动计划要把握提出问题、分析问题、解决问题的落脚点要靠行动执行，通过行动计划解决具体问题。

本部分结语

团餐布局战略思考，从 20 世纪 50 年代至 21 世纪的今天，食堂从传统的机关食堂到今天的百花齐放，已有 70 年的发展历史，要盘点与总结。2021—2030 年这十年如何布局，需要《“健康中国 2030”规划纲要》的战略指引。

①团餐创新三次晋级。团餐业态创新包括组织创新（经济组织、生产组织、作业组织）、制度创新（体制层面、制度层面、机制层面）、模式创新（六好食堂、智能食堂、健康食堂）三个维度。我们还在路上。

②团餐业态理论滞后。中国团餐业态实践超前、理论滞后的发展特征，再次验证了没有实践的理论是空洞的理论、没有理论的实践是盲目的实践的论点。本书旨在为中国团餐业态提供实践、理论作业指南。

③团餐业态行业标准。六好食堂做了局部推广，智能食堂也有了企业提案，健康食堂则有了行业标准。健康食堂既有经营管理规范实施细则与评分标准配套，又有专题训练、指导、辅导、验收设计。

④团餐业态民生工程。既然从幼儿营养餐到老年人健康餐是国人从朝阳到夕阳的饮食选择，那么团餐业态属性决定了其民生工程调性。须知：从厨房到病房是吃出了问题！吃出健康就成为团餐人的宗旨与使命。

⑤团餐业态良心工程。团餐业态运营要以健康为主旨，上游产销环节导入生态理念，中游配销环节导入精益管理，下游销售环节导入智力赋能，每个环节都有数据，都可追溯，这才是打造民生工程的态度与作为。

⑥健康食堂体系工程。健康环境要有数据与比例标注，健康组织要有框架与基础文件，健康管理要有值班管理导入，食品安全要有岗位作业检查，健康食谱要有配餐与营养标注，健康物流要有认证与追溯管理。

⑦健康食堂营养标注。既然吃出健康是团餐人的宗旨与使命，那么导入营养师、配餐师、教育师，在标注营养数据的基础上讲食材学、营养学、食

疗学、养生学，就成为团餐企业的项目标配与不二选择。

⑧健康食堂健康管理。既然吃出问题会导致高血压、高血糖、高血脂、高尿酸、高体重“五高”，那么饮食指导就要通过健康饮食实现。要推广减油、减盐、减糖与健康口腔、健康体魄、健康骨骼“三减三健”。

《健康食堂运营指南：模块、流程、细则、工具》一书的出版，要解决团餐业态模式创新乏力的问题。关于模式创新，笔者曾拟订中国好食堂规范，提交智能食堂操作规范提案，拟订健康食堂操作规范，旨在为团餐企业模式创新助力。

第二部分

《“健康中国 2030”规划纲要》与阅读日记

《“健康中国 2030”规划纲要》

序 言

健康是促进人的全面发展的必然要求，是经济社会发展的基础条件。实现国民健康长寿，是国家富强、民族振兴的重要标志，也是全国各族人民的共同愿望。

党和国家历来高度重视人民健康。新中国成立以来特别是改革开放以来，我国健康领域改革发展取得显著成就，城乡环境面貌明显改善，全民健身运动蓬勃发展，医疗卫生服务体系日益健全，人民健康水平和身体素质持续提高。2015 年我国人均预期寿命已达 76.34 岁，婴儿死亡率、5 岁以下儿童死亡率、孕产妇死亡率分别下降到 8.1‰、10.7‰和 20.1/10 万，总体上优于中高收入国家平均水平，为全面建成小康社会奠定了重要基础。同时，工业化、城镇化、人口老龄化、疾病谱变化、生态环境及生活方式变化等，也给维护和促进健康带来一系列新的挑战，健康服务供给总体不足与需求不断增长之间的矛盾依然突出，健康领域发展与经济社会发展的协调性有待进一步增强，需要从国家战略层面统筹解决、关系健康的重大和长远问题。

推进健康中国建设，是全面建成小康社会、基本实现社会主义现代化的重要基础，是全面提升中华民族健康素质、实现人民健康与经济社会协调发展的国家战略，是积极参与全球健康治理、履行 2030 年可持续发展议程国际承诺的重大举措。未来 15 年，是推进健康中国建设的重要战略机遇期。经济保持中高速增长将为维护人民健康奠定坚实基础，消费结构升级将为发展健康服务创造广阔空间，科技创新将为提高健康水平提供有力支撑，各方面制度更加成熟更加定型将为健康领域可持续发展构建强大保障。

为推进健康中国建设，提高人民健康水平，根据党的十八届五中全会战略部署，制定本规划纲要。本规划纲要是推进健康中国建设的宏伟蓝图和行动纲领。全社会要增强责任感、使命感，全力推进健康中国建设，为实现中华民族伟大复兴和推动人类文明进步作出更大贡献。

日记：序言导读

第一，2016 年，中共中央、国务院发布《“健康中国 2030”规划纲要》，提出了健康中国建设目标与工作任务，指明了健康中国的努力方向。此规划纲要描述的方向、目标、数据是驱动大健康产业发展的行动纲领。

第二，推进健康中国建设，是全面提升中华民族健康素质、实现人民健康与经济社会协调发展的国家战略。未来 15 年，经济增长、消费升级、科技创新、制度成熟……，将为健康领域可持续发展提供强大的保障。

第一篇　总体战略

第一章　指导思想

推进健康中国建设，必须高举中国特色社会主义伟大旗帜，全面贯彻党的十八大和十八届三中、四中、五中全会精神，以马克思列宁主义、毛泽东思想、邓小平理论、“三个代表”重要思想、科学发展观为指导，深入学习贯彻习近平总书记系列重要讲话精神，紧紧围绕统筹推进“五位一体”总体布局和协调推进“四个全面”战略布局，认真落实党中央、国务院决策部署，坚持以人民为中心的发展思想，牢固树立和贯彻落实新发展理念，坚持正确的卫生与健康工作方针，以提高人民健康水平为核心，以体制机制改革创新为动力，以普及健康生活、优化健康服务、完善健康保障、建设健康环境、发展健康产业为重点，把健康融入所有政策，加快转变健康领域发展方式，全方位、全周期维护和保障人民健康，大幅提高健康水平，显著改善健康公平，为实现“两个一百年”奋斗目标和中华民族伟大复兴的中国梦提供坚实健康基础。

主要遵循以下原则：

——健康优先。把健康摆在优先发展的战略地位，立足国情，将促进健康的理念融入公共政策制定实施的全过程，加快形成有利于健康的生活方式、生态环境和经济社会发展模式，实现健康与经济社会良性协调发展。

——改革创新。坚持政府主导，发挥市场机制作用，加快关键环节改革步伐，冲破思想观念束缚，破除利益固化藩篱，清除体制机制障碍，发挥科技创新和信息化的引领支撑作用，形成具有中国特色、促进全民健康的制度体系。

——科学发展。把握健康领域发展规律，坚持预防为主、防治结合、中西医并重，转变服务模式，构建整合型医疗卫生服务体系，推动健康服务从规模扩张的粗放型发展转变到质量效益提升的绿色集约式发展，推动中医药和西医药相互补充、协调发展，提升健康服务水平。

——公平公正。以农村和基层为重点，推动健康领域基本公共服务均等化，维护基本医疗卫生服务的公益性，逐步缩小城乡、地区、人群间基本健康服务和健康水平的差异，实现全民健康覆盖，促进社会公平。

日记：指导思想导读

第一，餐饮企业应以《“健康中国 2030”规划纲要》为战略设计主导，联系产业自身实际，从产业源头、配销体系、销售终端三个环节，分阶段、分步骤导入“健康营养膳食”理念，并与企业发展阶段相契合。

第二，以“健康优先、改革创新、科学发展、公平公正”为原则，围绕“健康餐饮”做物流设计、产品设计、环境设计、服务设计和管理设计，重点突出“健康、营养”主题，并有相应的流程、细节解决方案。

第二章　战略主题

“共建共享、全民健康”，是建设健康中国的战略主题。核心是以人民健康为中心，坚持以基层为重点，以改革创新为动力，预防为主，中西医并重，把健康融入所有政策，人民共建共享的卫生与健康工作方针，针对生活行为方式、生产生活环境以及医疗卫生服务等健康影响因素，坚持政府主导与调动社会、个人的积极性相结合，推动人人参与、人人尽力、人人享有，落实预防为主，推行健康生活方式，减少疾病发生，强化早诊断、早治疗、早康复，实现全民健康。

共建共享是建设健康中国的基本路径。从供给侧和需求侧两端发力，统筹社会、行业和个人三个层面，形成维护和促进健康的强大合力。要促进全社会广泛参与，强化跨部门协作，深化军民融合发展，调动社会力量的积极性和创造性，加强环境治理，保障食品药品安全，预防和减少伤害，有效控制影响健康的生态和社会环境危险因素，形成多层次、多元化的社会共治格局。要推动健康服务供给侧结构性改革，卫生计生、体育等行业要主动适应人民健康需求，深化体制机制改革，优化要素配置和服务供给，补齐发展短板，推动健康产业转型升级，满足人民群众不断增长的健康需求。要强化个人健康责任，提高全民健康素养，引导形成自主自律、符合自身特点的健康生活方式，有效控制影响健康的生活行为因素，形成热爱健康、追求健康和促进健康的社会氛围。

全民健康是建设健康中国的根本目的。立足全人群和全生命周期两个着力点，提供公平可及、系统连续的健康服务，实现更高水平的全民健康。要惠及全人群，不断完善制度、扩展服务、提高质量，使全体人民享有所需要的、有质量的、可负担的预防、治疗、康复、健康促进等健康服务，突出解决好妇女儿童、老年人、残疾人、低收入人群等重点人群的健康问题。要覆盖全生命周期，针对生命不同阶段的主要健康问题及主要影响因素，确定若干优先领域，强化干预，实现从胎儿到生命终点的全过程健康服务和健康保障，全面维护人民健康。

日记：战略主题导读

第一，共建共享、全民健康是建设健康中国的基本路径。无论是团餐企业，还是社餐企业都应以“共建共享、全民健康”为指导思想，以为大众提供健康餐饮、营养餐饮为己任，深化健康餐饮品类，细化营养餐饮品种。

第二，餐饮产业不是全民健康事业的世外桃源。每家餐饮企业都应成为全民健康的支持者、参与者、践行者。特别是对幼儿、老年、残障、特困、疾病等具体人群，餐饮企业要有特殊关怀政策与措施的倾斜。

第三章　战略目标

到 2020 年，建立覆盖城乡居民的中国特色基本医疗卫生制度，健康素养水平持续提高，健康服务体系完善高效，人人享有基本医疗卫生服务和基本体育健身服务，基本形成内涵丰富、结构合理的健康产业体系，主要健康指标居于中高收入国家前列。

到 2030 年，促进全民健康的制度体系更加完善，健康领域发展更加协调，健康生活方式得到普及，健康服务质量和健康保障水平不断提高，健康产业繁荣发展，基本实现健康公平，主要健康指标进入高收入国家行列。到 2050 年，建成与社会主义现代化国家相适应的健康国家。

到 2030 年具体实现以下目标：

——人民健康水平持续提升。人民身体素质明显增强，2030 年人均预期寿命达到 79.0 岁，人均健康预期寿命显著提高。

——主要健康危险因素得到有效控制。全民健康素养大幅提高，健康生活方式得到全面普及，有利于健康的生产生活环境基本形成，食品药品安全得到有效保障，消除一批重大疾病危害。

——健康服务能力大幅提升。优质高效的整合型医疗卫生服务体系和完善的全民健身公共服务体系全面建立，健康保障体系进一步完善，健康科技创新整体实力位居世界前列，健康服务质量和水平明显提高。

——健康产业规模显著扩大。建立起体系完整、结构优化的健康产业体系，形成一批具有较强创新能力和国际竞争力的大型企业，成为国民经济支柱性产业。

——促进健康的制度体系更加完善。有利于健康的政策法律法规体系进一步健全，健康领域治理体系和治理能力基本实现现代化。

健康中国建设主要指标

领域：健康水平　指标：人均预期寿命（岁）　2015 年：76.34　2020 年：77.3　2030 年：79.0

领域：健康水平　指标：婴儿死亡率（‰）　2015 年：8.1　2020 年：7.5　2030 年：5.0

领域：健康水平　指标：5 岁以下儿童死亡率（‰）　2015 年：10.7　2020 年：9.5　2030 年：6.0

领域：健康水平　指标：孕产妇死亡率（1/10 万）　2015 年：20.1　2020 年：18.0　2030 年：12.0

领域：健康水平　指标：城乡居民达到《国民体质测定标准》合格以上的人数比例（%）　2015 年：89.6（2014 年）　2020 年：90.6　2030 年：92.2

领域：健康生活　指标：居民健康素养水平（%）　2015 年：10　2020 年：20　2030 年：30

领域：健康生活　指标：经常参加体育锻炼人数（亿人）　2015 年：3.6（2014 年）　2020 年：4.35　2030 年：5.3

领域：健康服务与保障　指标：重大慢性病过早死亡率（%）　2015 年：19.1（2013 年）　2020 年：比 2015 年降低 10%　2030 年：比 2015 年降低 30%

领域：健康服务与保障　指标：每千常住人口执业（助理）医师数（人）　2015 年：2.2　2020 年：2.5　2030 年：3.0

领域：健康服务与保障　指标：个人卫生支出占卫生总费用的比重（%）　2015 年：29.3　2020 年：28 左右　2030 年：25 左右

领域：健康环境　指标：地级及以上城市空气质量优良天数比率（%）　2015 年：76.7　2020 年：>80　2030 年：持续改善

领域：健康环境　指标：地表水质量达到或好于Ⅲ类水体比例（%）　2015 年：66　2020 年：>70　2030 年：持续改善

领域：健康产业　指标：健康服务业总规模（万亿元）　2015：—　2020年：>8　2030年：16

日记：战略目标导读

第一，战略目标是健康中国的奋斗目标，餐饮产业配合实施健康中国战略，应有自身目标设计。2021—2030年，以10年为时段，第一个5年打造健康营养餐饮模式，第二个5年深化健康营养餐饮并使其落地。

第二，通过健康营养餐饮精准设计，如营养餐单、产品数据设计等，使《“健康中国2030”规划纲要》的指标设计在餐饮产业运营过程中有具体表现，为提升全民健康水平、健康服务、健康环境做出餐饮人的贡献。

第二篇　普及健康生活

第四章　加强健康教育

第一节　提高全民健康素养

推进全民健康生活方式行动，强化家庭和高危个体健康生活方式指导及干预，开展健康体重、健康口腔、健康骨骼等专项行动，到2030年基本实现以县（市、区）为单位全覆盖。开发推广促进健康生活的适宜技术和用品。建立健康知识和技能核心信息发布制度，健全覆盖全国的健康素养和生活方式监测体系。建立健全健康促进与教育体系，提高健康教育服务能力，从小抓起，普及健康科学知识。加强精神文明建设，发展健康文化，移风易俗，培育良好的生活习惯。各级各类媒体加大健康科学知识宣传力度，积极建设和规范各类广播电视等健康栏目，利用新媒体拓展健康教育。

第二节　加大学校健康教育力度

将健康教育纳入国民教育体系，把健康教育作为所有教育阶段素质教育的重要内容。以中小学为重点，建立学校健康教育推进机制。构建相关学科教学与教育活动相结合、课堂教育与课外实践相结合、经常性宣传教育与集中式宣传教育相结合的健康教育模式。培养健康教育师资，将健康教育纳入体育教师职前教育和职后培训内容。

日记：加强健康教育

第一，“加强健康教育，提高全民健康素养”，餐饮产业责无旁贷。餐饮企业通过适当形式，构建适宜载体，借助广告、门头、餐单、隔栏和餐桌媒介，将“健康教育”引入餐厅、食堂，为健康餐饮、营养餐饮教育赋能。

第二，餐饮产业不同业态定期发布“健康营养餐饮白皮书”，向全社会推广健康餐饮、营养餐饮理念，宣传健康餐饮、营养餐饮实现途径，介绍健康餐饮、营养餐饮实现方法，推荐健康餐饮、营养餐饮实现工具。

第五章　塑造自主自律的健康行为

第一节　引导合理膳食

制订实施国民营养计划，深入开展食物（农产品、食品）营养功能评价研究，全面普及膳食营养知识，发布适合不同人群特点的膳食指南，引导居民形成科学的膳食习惯，推进健康饮食文化建设。建立健全居民营养监测制度，对重点区域、重点人群实施营养干预，重点解决微量营养元素缺乏、部分人群油脂等高热能食物摄入过多等问题，逐步解决居民营养不足与过剩并存问题。实施临床营养干预。加强对学校、幼儿园、养老机构等营养健康工作的指导。开展示范健康食堂和健康餐厅建设。到2030年，居民营养知识素养明显提高，营养缺乏疾病发生率显著下降，全国人均每日食盐摄入量降低20%，超重、肥胖人口增长速度明显放缓。

第二节　开展控烟限酒

全面推进控烟履约，加大控烟力度，运用价格、税收、法律等手段提高控烟成效。深入开展控烟宣传教育。积极推进无烟环境建设，强化公共场所控烟监督执法。推进公共场所禁烟工作，逐步实现室内公共场所全面禁烟。领导干部要带头在公共场所禁烟，把党政机关建成无烟机关。强化戒烟服务。到2030年，15岁以上人群吸烟率降低到20%。加强限酒健康教育，控制酒精过度使用，减少酗酒。加强有害使用酒精监测。

第三节　促进心理健康

加强心理健康服务体系建设和规范化管理。加大全民心理健康科普宣传力度，提升心理健康素养。加强对抑郁症、焦虑症等常见精神障碍和心理行为问题的干预，加大对重点人群心理问题早期发现和及时干预力度。加强严重精神障碍患者报告登记和救治救助管理。全面推进精神障碍社区康复服务。提高突发事件心理危机的干预能力和水平。到2030年，常见精神障碍防治和心理行为问题识别干预水平显著提高。

第四节　减少不安全性行为和毒品危害

强化社会综合治理，以青少年、育龄妇女及流动人群为重点，开展性道德、性健康和性安全宣传教育和干预，加强对性传播高危行为人群的综合干预，减少意外妊娠和性相关疾病传播。大力普及有关毒品危害、应对措施和治疗途径等知识。加强全国戒毒医疗服务体系建设，早发现、早治疗成瘾者。加强戒毒药物维持治疗与社区戒毒、强制隔离戒毒和社区康复的衔接。建立集生理脱毒、心理康复、就业扶持、回归社会于一体的戒毒康复模式，最大限度减少毒品社会危害。

日记：塑造自律自主的健康行为

第一，“引导合理膳食”是餐饮产业的责任与义务。膳食与全民健康密切相关，膳食是餐饮业与大众沟通的媒介。合理膳食涉及营养元素、食材构成、制作工艺、数量比例等诸多内容。合理膳食重在行动。

第二，合理膳食要针对不同人群与家庭，并聚焦食堂与餐厅营业场所，加强营养与膳食指导。完善盐、油、糖包装标准，参与减盐、减油、减糖行动。修订预包装食品营养标签通则，推进营养标准体系建设。

第六章　提高全民身体素质

第一节　完善全民健身公共服务体系

统筹建设全民健身公共设施，加强健身步道、骑行道、全民健身中心、体育公园、社区多功能运动场等场地设施建设。到 2030 年，基本建成县乡村三级公共体育设施网络，人均体育场地面积不低于 2.3 平方米，在城镇社区实现 15 分钟健身圈全覆盖。推行公共体育设施免费或低收费开放，确保公共体育场地设施和符合开放条件的企事业单位体育场地设施全部向社会开放。加强全民健身组织网络建设，扶持和引导基层体育社会组织发展。

第二节　广泛开展全民健身运动

继续制订实施全民健身计划，普及科学健身知识和健身方法，推动全民健身生活化。组织社会体育指导员广泛开展全民健身指导服务。实施国家体育锻炼标准，发展群众健身休闲活动，丰富和完善全民健身体系。大力发展群众喜闻乐见的运动项目，鼓励开发适合不同人群、不同地域特点的特色运动项目，扶持推广太极拳、健身气功等民族民俗民间传统运动项目。

第三节　加强体医融合和非医疗健康干预

发布体育健身活动指南，建立完善针对不同人群、不同环境、不同身体状况的运动处方库，推动形成体医融合的疾病管理与健康服务模式，发挥全民科学健身在健康促进、慢性病预防和康复等方面的积极作用。加强全民健身科技创新平台和科学健身指导服务站点建设。开展国民体质测试，完善体质健康监测体系，开发应用国民体质健康监测大数据，开展运动风险评估。

第四节　促进重点人群体育活动

制订实施青少年、妇女、老年人、职业群体及残疾人等特殊群体的体质健康干预计划。实施青少年体育活动促进计划，培育青少年体育爱好，基本实现青少年熟练掌握 1 项以上体育运动技能，确保学生校内每天体育活动时间不少于 1 小时。到 2030 年，学校体育场地设施与器材配置达标率达到 100%，青少年学生每周参与体育活动达到中等强度 3 次以上，国家学生体质健康标准达标优秀率 25% 以上。加强科学指导，促进妇女、老年人和职业群体积极参与全民健身。实行工间健身制度，鼓励和支持新建工作场所建设适当的健身活动场地。推动残疾人康复体育和健身体育广泛开展。

日记：提高全民身体素质

第一，实施全民健身行动。生命在于运动，运动需要科学。餐饮产业与餐饮企业要有自身的“健身行动方案”，针对厨务人员、服务人员、管理人员、办公人员等不同人群，制订不同的、有针对性的健身方案。

第二，餐饮企业要因势利导进行“健身行动”宣传、教育。例如，利用自身媒介进行“全民健身行动”宣讲；因地制宜将“健身行动”付诸实践，如晨操、工间操、休间操，不断提升工作人员的身体素质。

第三篇　优化健康服务

第七章　强化覆盖全民的公共卫生服务

第一节　防治重大疾病

实施慢性病综合防控战略，加强国家慢性病综合防控示范区建设。强化慢性病筛查和早期发现，针对高发地区重点癌症开展早诊早治工作，推动癌症、脑卒中、冠心病等慢性病的机会性筛查。基本实现高血压、糖尿病患者管理干预全覆盖，逐步将符合条件的癌症、脑卒中等重大慢性病早诊早治适宜技术纳入诊疗常规。加强学生近视、肥胖等常见病防治。到 2030 年，实现全人群、全生命周期的慢性病健康管理，总体癌症 5 年生存率提高 15%。加强口腔卫生，12 岁儿童患龋率控制在 25% 以内。

加强重大传染病防控。完善传染病监测预警机制。继续实施扩大国家免疫规划，适龄儿童国家免疫规划疫苗接种率维持在较高水平，建立预防接种异常反应补偿保险机制。加强艾滋病检测、抗病毒治疗和随访管理，全面落实临床用血核酸检测和预防艾滋病母婴传播，疫情保持在低流行水平。建立结核病防治综合服务模式，加强耐多药、肺结核筛查和监测，规范肺结核诊疗管理，全国肺结核疫情持续下降。有效应对流感、手足口病、登革热、麻疹等重点传染病疫情。继续坚持以传染源控制为主的血吸虫病综合防治策略，全国所有流行县达到消除血吸虫病标准。继续巩固全国消除疟疾成果。全国所有流行县基本控制包虫病等重点寄生虫病流行。保持控制和消除重点地方病，地方病不再成为危害人民健康的重点问题。加强突发急性传染病防治，积极防范输入性突发急性传染病，加强鼠疫等传统烈性传染病防控。强化重大动物源性传染病的源头治理。

第二节　完善计划生育服务管理

健全人口与发展的综合决策体制机制，完善有利于人口均衡发展的政策体系。改革计划生育服务管理方式，更加注重服务家庭，构建以生育支持、幼儿养育、青少年发展、老人赡养、病残照料为主题的家庭发展政策框架，引导群众负责任、有计划地生育。完善国家计划生育技术服务政策，加大再生育计划生育技术服务保障力度。全面推行知情选择，普及避孕节育和生殖健康知识。完善计划生育家庭奖励扶助制度和特别扶助制度，实行奖励扶助金标准动态调整。坚持和完善计划生育目标管理责任制，完善宣传倡导、依法管理、优质服务、政策推动、综合治理的计划生育长效工作机制。建立健全出生人口监测工作机制。继续开展出生人口性别比综合治理。到 2030 年，全国出生人口性别比实现自然平衡。

第三节　推进基本公共卫生服务均等化

继续实施完善国家基本公共卫生服务项目和重大公共卫生服务项目，加强疾病经济负担研究，适时调整项目经费标准，不断丰富和拓展服务内容，提高服务质量，使城乡居民享有均等化的基本公共卫生服务，做好流动人口基本公共卫生计生服务均等化工作。

日记：强化覆盖全民的公共卫生服务

第一，参与全民公共卫生服务体系建设。食品安全是公共卫生体系的重要组成部分，是餐饮产业构建全民公共卫生体系的落脚点。因此，严格执行食品安全制度、强化落实食品安全措施是餐饮企业的基础工作。

第二，3C 模式即每日清洁、随时清洁、定期清洁，是餐饮产业与餐饮企业应坚守的清洁模式。3C 模式中的每一个清洁项目都有自身特定的流程设计、节点说明、操作步骤、工作规范、执行标准和结果评价等。

第八章　提供优质高效的医疗服务

第一节　完善医疗卫生服务体系

全面建成体系完整、分工明确、功能互补、密切协作、运行高效的整合型医疗卫生服务体系。县和市域内基本医疗卫生资源按常住人口和服务半径合理布局，实现人人享有均等化的基本医疗卫生服务；省级及以上分区域统筹配置，整合推进区域医疗资源共享，基本实现优质医疗卫生资源配置均衡化，省域内人人享有均质化的危急重症、疑难病症诊疗和专科医疗服务；依托现有机构，建设一批引领国内、具有全球影响力的国家级医学中心，建设一批区域医学中心和国家临床重点专科群，推进京津冀、长江经济带等区域医疗卫生协同发展，带动医疗服务区域发展和整体水平提升。加强康复、老年病、长期护理、慢性病管理、安宁疗护等接续性医疗机构建设。实施健康扶贫工程，加大对中西部贫困地区医疗卫生机构建设支持力度，提升服务能力，保障贫困人口健康。到 2030 年，15 分钟基本医疗卫生服务圈基本形成，每千常住人口注册护士数达到 4.7 人。

第二节　创新医疗卫生服务供给模式

建立专业公共卫生机构、综合和专科医院、基层医疗卫生机构“三位一体”的重大疾病防控机制，建立信息共享、互联互通机制，推进慢性病防、治、管整体融合发展，实现医防结合。建立不同层级、不同类别、不同举办主体医疗卫生机构间目标明确、权责清晰的分工协作机制，不断完善服务网络、运行机制和激励机制，基层普遍具备居民健康守门人的能力。完善家庭医生签约服务，全面建立成熟完善的分级诊疗制度，形成基层首诊、双向转诊、上下联动、急慢分治的合理就医秩序，健全治疗—康复—长期护理服务链。引导三级公立医院逐步减少普通门诊，重点发展危急重症、疑难病症诊疗。完善医疗联合体、医院集团等多种分工协作模式，提高服务体系整体绩效。加快医疗卫生领域军民融合，积极发挥军队医疗卫生机构作用，更好地为人民服务。

第三节　提升医疗服务水平和质量

建立与国际接轨、体现中国特色的医疗质量管理与控制体系，基本健全覆盖主要专业的国家、省、市三级医疗质量控制组织，推出一批国际化标准规范。建设医疗质量管理与控制信息化平台，实现全行业全方位精准、实时管理与控制，持续改进医疗质量和医疗安全，提升医疗服务同质化程度，再住院率、抗菌药物使用率等主要医疗服务质量指标达到或接近世界先进水平。全面实施临床路径管理，规范诊疗行为，优化诊疗流程，增强患者就医获得感。推进合理用药，保障临床用血安全，基本实现医疗机构检查、检验结果互认。加强医疗服务人文关怀，构建和谐医患关系。依法严厉打击涉医违法犯罪行为特别是伤害医务人员的暴力犯罪行为，保护医务人员安全。

日记：提供优质高效的医疗服务

第一，餐饮是卫生医疗服务体系的重要组成部分，无论是团餐中的医院餐饮，还是医院中的社会餐饮，都是这个组成部分中的基础元素。因此，要按照卫生医疗服务体系要求持续践行。

第二，团餐企业、社餐企业加入卫生医疗服务体系，并按照卫生医疗服务体系要求，为受众提供相关的餐饮服务，如住院患者餐饮服务。这就要求餐饮企业厘清服务对象、细化服务项目、落实服务措施。

第九章　充分发挥中医药独特优势

第一节　提高中医药服务能力

实施中医临床优势培育工程，强化中医药防治优势病种研究，加强中西医结合，提高重大疑难病、危急重症临床疗效。大力发展中医非药物疗法，使其在常见病、多发病和慢性病防治中发挥独特作用。发展中医特色康复服务。健全覆盖城乡的中医医疗保健服务体系。在乡镇卫生院和社区卫生服务中心建立中医馆、国医堂等中医综合服务区，推广适宜技术，所有基层医疗卫生机构都能够提供中医药服务。促进民族医药发展。到 2030 年，中医药在治未病中的主导作用、在重大疾病治疗中的协同作用、在疾病康复中的核心作用得到充分发挥。

第二节　发展中医养生保健治未病服务

实施中医治未病健康工程，将中医药优势与健康管理结合，探索融健康文化、健康管理、健康保险为一体的中医健康保障模式。鼓励社会力量举办规范的中医养生保健机构，加快养生保健服务发展。拓展中医医院服务领域，为群众提供中医健康咨询评估、干预调理、随访管理等治未病服务。鼓励中医医疗机构、中医医师为中医养生保健机构提供保健咨询和调理等技术支持。开展中医中药中国行活动，大力传播中医药知识和易于掌握的养生保健技术方法，加强中医药非物质文化遗产的保护和传承运用，实现中医药健康养生文化创造性转化和创新性发展。

第三节　推进中医药继承创新

实施中医药传承创新工程，重视中医药经典医籍研读及挖掘，全面系统继承历代各家学术理论、流派及学说，不断弘扬当代名老中医药专家学术思想和临床诊疗经验，挖掘民间诊疗技术和方药，推进中医药文化传承与发展。建立中医药传统知识保护制度，制定传统知识保护名录。融合现代科技成果，挖掘中药方剂，加强重大疑难疾病、慢性病等中医药防治技术和新药研发，不断推动中医药理论与实践发展。发展中医药健康服务，加快打造全产业链服务的跨国公司和国际知名的中国品牌，推动中医药走向世界。保护重要中药资源和生物多样性，开展中药资源普查及动态监测。建立大宗、道地和濒危药材种苗繁育基地，提供中药材市场动态监测信息，促进中药材种植业绿色发展。

日记：充分发挥中医药独特优势

第一，运用中医药的独特优势，餐饮产业尤其是与医疗相关的团餐与社餐企业不但要坚持“药食同源”理念，推广“药膳”，而且要推出针对“五高”与痛风的餐饮产品，推进药膳功能产品创新落地。

第二，团餐企业、社餐企业与医院事业相关，应围绕药膳，根据医食同源原理，结合自身产品类别、产品组合、产品优势，研发药膳单品，创新药膳组合，发挥中医药独特优势，为公共卫生服务体系提供支持。

第十章　加强重点人群健康服务

第一节　提高妇幼健康水平

实施母婴安全计划，倡导优生优育，继续实施住院分娩补助制度，向孕产妇免费提供生育全过程的基本医疗保健服务。加强出生缺陷综合防治，构建覆盖城乡居民，涵盖孕前、孕期、新生儿各阶段的出生缺陷防治体系。实施健康儿童计划，加强儿童早期发展，加强儿科建设，加大儿童重点疾病防治力度，扩大新生儿疾病筛查，继续开展重点地区儿童营养改善等项目。提高妇女常见病筛查率和早诊早治率。实施妇幼健康和计划生育服务保障工程，提升孕产妇和新生儿危急重症救治能力。

第二节　促进健康老龄化

推进老年医疗卫生服务体系建设，推动医疗卫生服务延伸至社区、家庭。健全医疗卫生机构与养老机构合作机制，支持养老机构开展医疗服务。推进中医药与养老融合发展，推动医养结合，为老年人提供治疗期住院、康复期护理、稳定期生活照料、安宁疗护一体化的健康和养老服务，促进慢性病全程防治管理服务同居家、社区、机构养老紧密结合。鼓励社会力量兴办医养结合机构。加强老年常见病、慢性病的健康指导和综合干预，强化老年人健康管理。推动开展老年心理健康与关怀服务，加强老年痴呆症等的有效干预。推动居家老人长期照护服务发展，全面建立经济困难的高龄、失能老人补贴制度，建立多层次长期护理保障制度。进一步完善政策，使老年人更便捷获得基本药物。

第三节　维护残疾人健康

制定实施残疾预防和残疾人康复条例。加大符合条件的低收入残疾人医疗救助力度，将符合条件的残疾人医疗康复项目按规定纳入基本医疗保险支付范围。建立残疾儿童康复救助制度，有条件的地方对残疾人基本型辅助器具给予补贴。将残疾人康复纳入基本公共服务，实施精准康复，为城乡贫困残疾人、重度残疾人提供基本康复服务。完善医疗机构无障碍设施，改善残疾人医疗服务。进一步完善康复服务体系，加强残疾人康复和托养设施建设，建立医疗机构与残疾人专业康复机构双向转诊机制，推动基层医疗卫生机构优先为残疾人提供基本医疗、公共卫生和健康管理等签约服务。制订实施国家残疾预防行动计划，增强全社会残疾预防意识，开展全人群、全生命周期残疾预防，有效控制残疾的发生和发展。加强对致残疾病及其他致残因素的防控。推动国家残疾预防综合试验区试点工作。继续开展防盲治盲和防聋治聋工作。

日记：加强重点人群健康服务

第一，妇幼人群、老年人群、残疾人群是提高全民健康素质的关键人群，这也是难度系数最大的人群，餐饮产业与餐饮企业责任重大。为此，相关餐饮企业可推出有针对性的老年餐、孕妇餐餐饮产品。

第二，特殊人群是餐饮产业与餐饮企业应当高度关注的群体，诸如社区中的“老年餐桌”、医院中的“月子餐”，这些都是餐饮企业发力的重点区域。特殊的产品、特殊的服务、特殊的组合是发力点位。

第四篇　完善健康保障

第十一章　健全医疗保障体系

第一节　完善全民医保体系

健全以基本医疗保障为主体、其他多种形式补充保险和商业健康保险为补充的多层次医疗保障体系。整合城乡居民基本医保制度和经办管理。健全基本医疗保险稳定可持续筹资和待遇水平调整机制，实现基金中长期精算平衡。完善医保缴费参保政策，均衡单位和个人缴费负担，合理确定政府与个人分担比例。改进职工医保个人账户，开展门诊统筹。进一步健全重特大疾病医疗保障机制，加强基本医保、城乡居民大病保险、商业健康保险与医疗救助等的有效衔接。到 2030 年，全民医保体系成熟定型。

第二节　健全医保管理服务体系

严格落实医疗保险基金预算管理。全面推进医保支付方式改革，积极推进按病种付费、按人头付费，积极探索按（疾病）诊断相关分组付费（DRGs）、按服务绩效付费，形成总额预算管理下的复合式付费方式，健全医保经办机构与医疗机构的谈判协商与风险分担机制。加快推进基本医保异地就医结算，实现跨省异地安置退休人员住院医疗费用直接结算和符合转诊规定的异地就医住院费用直接结算。全面实现医保智能监控，将医保对医疗机构的监管延伸到医务人员。逐步引入社会力量参与医保经办。加强医疗保险基础标准建设和应用。到 2030 年，全民医保管理服务体系完善高效。

第三节　积极发展商业健康保险

落实税收等优惠政策，鼓励企业、个人参加商业健康保险及多种形式的补充保险。丰富健康保险产品，鼓励开发与健康管理服务相关的健康保险产品。促进商业保险公司与医疗、体检、护理等机构合作，发展健康管理组织等新型组织形式。到 2030 年，现代商业健康保险服务业进一步发展，商业健康保险赔付支出占卫生总费用比重显著提高。

日记：健全医疗保障体系

第一，餐饮产业与餐饮企业是医疗保障体系的重要组成部分，承担着健康餐饮保障任务。围绕健康餐饮核心内容打造健康餐饮、健康食堂、健康餐厅，这是餐饮产业与餐饮企业未来十年的主旨。

第二，参加社会医疗保险服务体系，不单是企业责任，更是社会责任。餐饮企业作为社会组成部分，应承担国家责任、社会责任、企业责任，践行国家与社会赋予的使命，强化餐饮企业在医疗体系中的作用。

第十二章　完善药品供应保障体系

第一节　深化药品、医疗器械流通体制改革

推进药品、医疗器械流通企业向供应链上下游延伸开展服务，形成现代流通新体系。规范医药电子商务，丰富药品流通渠道和发展模式。推广应用现代物流管理与技术，健全中药材现代流通网络与追溯体系。落实医疗机构药品、耗材采购主体地位，鼓励联合采购。完善国家药品价格谈判机制。建立药品出厂价格信息可追溯机制。强化短缺药品供应保障和预警，完善药品储备制度和应急供应机制。建设遍及城乡的现代医药流通网络，提高基层和边远地区药品供应保障能力。

第二节　完善国家药物政策

巩固完善国家基本药物制度，推进特殊人群基本药物保障。完善现有免费治疗药品政策，增加艾滋病防治等特殊药物免费供给。保障儿童用药。完善罕见病用药保障政策。建立以基本药物为重点的临床综合评价体系。按照政府调控和市场调节相结合的原则，完善药品价格形成机制。强化价格、医保、采购等政策的衔接，坚持分类管理，加强对市场竞争不充分药品和高值医用耗材的价格监管，建立药品价格信息监测和信息公开制度，制定完善医保药品支付标准政策。

日记：完善药品供应保障体系

第一，餐饮产业与餐饮企业建设健康食堂与健康餐厅，必须完善自身的物流体系，从采购、仓储、加工、配送和信息等方面着力，打造生态供应链，为健康食堂持续提供健康物流支持。

第二，供应链生态是餐饮企业连锁经营的保证。供应链生态是健康食堂的保障，从生态、有机、绿色食材供应到保证品质仓储管理，从规范标准的生产加工运作到理性安全配送服务到店，食品安全要全程溯源。

第五篇　建设健康环境

第十三章　深入开展爱国卫生运动

第一节　加强城乡环境卫生综合整治

持续推进城乡环境卫生整洁行动，完善城乡环境卫生基础设施和长效机制，统筹治理城乡环境卫生问题。加大农村人居环境治理力度，全面加强农村垃圾治理，实施农村生活污水治理工程，大力推广清洁能源。到2030年，努力把我国农村建设成为人居环境干净整洁、适合居民生活养老的美丽家园，进而实现人与自然和谐发展。实施农村饮水安全巩固提升工程，推动城镇供水设施向农村延伸，进一步提高农村集中供水率、自来水普及率、水质达标率和供水保证率，全面建立从源头到龙头的农村饮水安全保障体系。加快无害化卫生厕所建设，力争到2030年，全国农村居民基本都能用上无害化卫生厕所。实施以环境治理为主的病媒生物综合预防控制策略。深入推进国家卫生城镇创建，力争到2030年，国家卫生城市数量提高到全国城市总数的50%，有条件的省（自治区、直辖市）实现全覆盖。

第二节　建设健康城市和健康村镇

把健康城市和健康村镇建设作为推进健康中国建设的重要抓手，保障与健康相关的公共设施用地需求，完善相关公共设施体系、布局和标准，把健康融入城乡规划、建设、治理的全过程，促进城市与人民健康协调发展。针对当地居民主要健康问题，编制实施健康城市、健康村镇发展规划。广泛开展健康社区、健康村镇、健康单位、健康家庭等建设，提高社会参与度。重点加强健康学校建设，加强学生健康危害因素监测与评价，完善学校食品安全管理、传染病防控等相关政策。加强健康城市、健康村镇建设监测与评价。到 2030 年，建成一批健康城市、健康村镇建设的示范市和示范村镇。

日记：深入开展爱国卫生运动

第一，深入开展爱国卫生运动，是国家一贯的卫生战略，是契合"健康中国 2030"战略规划，并与"健康中国"理念一脉相承的策略。对餐饮产业与餐饮企业来讲，爱国卫生运动是必须坚守与坚持的食品安全命题。

第二，每日清洁、定期清洁、随时清洁（即 3C 模式），是餐饮企业对应爱国卫生运动、保证食品安全的日常营运模式。通过 3C 模式，导入工作流程、节点把控、结果评价，即岗位检查，使爱国卫生运动落地。

第十四章　加强影响健康的环境问题治理

第一节　深入开展大气、水、土壤等污染防治

以提高环境质量为核心，推进联防联控和流域共治，实行环境质量目标考核，实施最严格的环境保护制度，切实解决影响广大人民群众健康的突出环境问题。深入推进产业园区、新城、新区等开发建设规划环评，严格建设项目环评审批，强化源头预防。深化区域大气污染联防联控，建立常态化区域协作机制。完善重度及以上污染天气的区域联合预警机制。全面实施城市空气质量达标管理，促进全国城市环境空气质量明显改善。推进饮用水水源地安全达标建设。强化地下水管理和保护，推进地下水超采区治理与污染综合防治。开展国家土壤环境质量监测网络建设，建立建设用地土壤环境质量调查评估制度，开展土壤污染治理与修复。以耕地为重点，实施农用地分类管理。全面加强农业面源污染防治，有效保护生态系统和遗传多样性。加强噪声污染防控。

第二节　实施工业污染源全面达标排放计划

全面实施工业污染源排污许可管理，推动企业开展自行监测和信息公

开，建立排污台账，实现持证按证排污。加快淘汰高污染、高环境风险的工艺、设备与产品。开展工业集聚区污染专项治理。以钢铁、水泥、石化等行业为重点，推进行业达标排放改造。

第三节　建立健全环境与健康监测、调查和风险评估制度

逐步建立健全环境与健康管理制度。开展重点区域、流域、行业环境与健康调查，建立覆盖污染源监测、环境质量监测、人群暴露监测和健康效应监测的环境与健康综合监测网络及风险评估体系。实施环境与健康风险管理。划定环境健康高风险区域，开展环境污染对人群健康影响的评价，探索建立高风险区域重点项目健康风险评估制度。建立环境健康风险沟通机制。建立统一的环境信息公开平台，全面推进环境信息公开。推进县级及以上城市空气质量监测和信息发布。

日记：加强影响健康的环境问题治理

第一，环境问题是餐饮产业与餐饮企业要面对的重要问题。餐饮企业经营要规范排放标准、使用环保产品、执行经营规范、保持健康环境，使企业经营与健康环境和谐交融。

第二，餐饮企业在项目营建设计与施工过程中，应注意排水、排气、排渣的环境保护问题，以健康餐饮理念打造外部环境、内部环境和健康食谱设计。在日常营运过程中，要杜绝废气、废水、废渣、噪声对周边环境的影响。

第十五章　保障食品药品安全

第一节　加强食品安全监管

完善食品安全标准体系，实现食品安全标准与国际标准基本接轨。加强食品安全风险监测评估，到 2030 年，食品安全风险监测与食源性疾病报告网络实现全覆盖。全面推行标准化、清洁化农业生产，深入开展农产品质量

安全风险评估，推进农兽药残留、重金属污染综合治理，实施兽药抗菌药治理行动。加强对食品原产地指导监管，完善农产品市场准入制度。建立食用农产品全程追溯协作机制，完善统一权威的食品安全监管体制，建立职业化检查员队伍，加强检验检测能力建设，强化日常监督检查，扩大产品抽检覆盖面。加强互联网食品经营治理。加强进口食品准入管理，加大对境外源头食品安全体系检查力度，有序开展进口食品指定口岸建设。推动地方政府建设出口食品农产品质量安全示范区。推进食品安全信用体系建设，完善食品安全信息公开制度。健全从源头到消费全过程的监管格局，严守从农田到餐桌的每一道防线，让人民群众吃得安全、吃得放心。

第二节　强化药品安全监管

深化药品（医疗器械）审评审批制度改革，研究建立以临床疗效为导向的审批制度，提高药品（医疗器械）审批标准。加快创新药（医疗器械）和临床急需新药（医疗器械）的审评审批，推进仿制药质量和疗效一致性评价。完善国家药品标准体系，实施医疗器械标准提高计划，积极推进中药（材）标准国际化进程。全面加强药品监管，形成全品种、全过程的监管链条。加强医疗器械和化妆品监管。

日记：保障食品药品安全

第一，对餐饮产业与餐饮企业来讲，食品安全非常重要，所以餐饮企业要深化食品安全理念设计、制度设计、流程设计、细则设计和工作指导。食品安全没有小事，食品安全是民生工程。

第二，《中华人民共和国食品安全法》是餐饮企业基本大法，《食品安全管理制度》是餐饮企业根据《中华人民共和国食品安全法》制定的执行规范，将餐饮企业的一切工作都纳入食品安全范畴，从工作流程、细节标准和结果评价层面强化食品安全。

第十六章　完善公共安全体系

第一节　强化安全生产和职业健康

加强安全生产，加快构建风险等级管控、隐患排查治理两条防线，切实降低重特大事故发生频次和危害后果。强化行业自律和监督管理职责，推动企业落实主体责任，推进职业病危害源头治理，强化矿山、危险化学品等重点行业领域安全生产监管。开展职业病危害基本情况普查，健全有针对性的健康干预措施。进一步完善职业安全卫生标准体系，建立完善重点职业病监测与职业病危害因素监测、报告和管理网络，遏制尘肺病和职业中毒高发势头。建立分级分类监管机制，对职业病危害高风险企业实施重点监管。开展重点行业领域职业病危害专项治理。强化职业病报告制度，开展用人单位职业健康促进工作，预防和控制工伤事故及职业病发生。加强全国个人辐射剂量管理和放射诊疗辐射防护。

第二节　促进道路交通安全

加强道路交通安全设施设计、规划和建设，组织实施公路安全生命防护工程，治理公路安全隐患。严格道路运输安全管理，提升企业安全自律意识，落实运输企业安全生产主体责任。强化安全运行监管能力和安全生产基础支撑。进一步加强道路交通安全治理，提高车辆安全技术标准，提高机动车驾驶人和交通参与者综合素质。到2030年，力争实现道路交通万车死亡率下降30%。

第三节　预防和减少伤害

建立伤害综合监测体系，开发重点伤害干预技术指南和标准。加强儿童和老年人伤害预防和干预，减少儿童交通伤害、溺水和老年人意外跌落，提高儿童玩具和用品安全标准。预防和减少自杀、意外中毒。建立消费品质量安全事故强制报告制度，建立产品伤害监测体系，强化重点领域质量安全监管，减少消费品安全伤害。

第四节　提高突发事件应急能力

加强全民安全意识教育。建立健全城乡公共消防设施建设和维护管理责任机制，到 2030 年，城乡公共消防设施基本实现全覆盖。提高防灾减灾和应急能力。完善突发事件卫生应急体系，提高早期预防、及时发现、快速反应和有效处置能力。建立包括军队医疗卫生机构在内的海陆空立体化的紧急医学救援体系，提升突发事件紧急医学救援能力。到 2030 年，建立起覆盖全国、较为完善的紧急医学救援网络，突发事件卫生应急处置能力和紧急医学救援能力达到发达国家水平。进一步健全医疗急救体系，提高救治效率。到 2030 年，力争将道路交通事故死伤比基本降低到中等发达国家水平。

第五节　健全口岸公共卫生体系

建立全球传染病疫情信息智能监测预警、口岸精准检疫的口岸传染病预防控制体系和种类齐全的现代口岸核生化有害因子防控体系，建立基于源头防控、境内外联防联控的口岸突发公共卫生事件应对机制，健全口岸病媒生物及各类重大传染病监测控制机制，主动预防、控制和应对境外突发公共卫生事件。持续巩固和提升口岸核心能力，创建国际卫生机场（港口）。完善国际旅行与健康信息网络，提供及时有效的国际旅行健康指导，建成国际一流的国际旅行健康服务体系，保障出入境人员健康安全。

提高动植物疫情疫病防控能力，加强进境动植物检疫风险评估准入管理，强化外来动植物疫情疫病和有害生物查验截获、检测鉴定、除害处理和监测防控规范化建设，健全对购买和携带人员、单位的问责追究体系，防控国际动植物疫情疫病及有害生物跨境传播。健全国门生物安全查验机制，有效防范物种资源丧失和外来物种入侵。

日记：完善公共安全体系

第一，完善公共安全体系，是餐饮产业与餐饮企业的社会责任。关注员工身体健康，定期体检，创造健康的工作环境；关注就餐环境、工作环境，减少顾客就餐伤害、工作人员工作伤害是公共安全的落脚点。

第二，在注重员工工作安全、顾客就餐安全的同时，强化食材检验检疫，构建食品安全追溯体系，实施食品安全事故问责机制，制定突发事件应急预案并落实到位，为建设与完善公共安全体系做好分内之事。

第六篇　发展健康产业

第十七章　优化多元办医格局

进一步优化政策环境，优先支持社会力量举办非营利性医疗机构，推进和实现非营利性民营医院与公立医院同等待遇。鼓励医师利用业余时间、退休医师到基层医疗卫生机构执业或开设工作室。个体诊所设置不受规划布局限制。破除社会力量进入医疗领域的不合理限制和隐性壁垒。逐步扩大外资兴办医疗机构的范围。加大政府购买服务的力度，支持保险业投资、设立医疗机构，推动非公立医疗机构向高水平、规模化方向发展，鼓励发展专业性医院管理集团。加强政府监管、行业自律与社会监督，促进非公立医疗机构规范发展。

日记：优化多元办医格局

第一，多元化的餐饮产业结构。政府部门强化监督管理，行业协会监督指导，餐饮企业严格自律，全社会参与食品安全监督，形成可追溯、担责任、体系化的格局，促进餐饮行业的规范发展，为此健康餐饮要做表率。

第二，医食同源，吃出健康。医食同源是医疗与饮食结合的产物，医药与饮食能相互补充、相互借鉴。由于季节不同、每个人的身体状态不同，决定了饮食需求的不同；要针对不同季节、不同人群提供有针对性的指导。

第十八章　发展健康服务新业态

积极促进健康与养老、旅游、互联网、健身休闲、食品融合，催生健康新产业、新业态、新模式。发展基于互联网的健康服务，鼓励发展健康体检、咨询等健康服务，促进个性化健康管理服务发展，培育一批有特色的健康管理服务产业，探索推进可穿戴设备、智能健康电子产品和健康医疗移动应用服务等发展。规范发展母婴照料服务。培育健康文化产业和体育医疗康复产业。制定健康医疗旅游行业标准、规范，打造具有国际竞争力的健康医疗旅游目的地。大力发展中医药健康旅游。打造一批知名品牌和良性循环的健康服务产业集群，扶持一大批中小微企业配套发展。

引导发展专业的医学检验中心、医疗影像中心、病理诊断中心和血液透析中心等。支持发展第三方医疗服务评价、健康管理服务评价，以及健康市场调查和咨询服务。鼓励社会力量提供食品药品检测服务。完善科技中介体系，大力发展专业化、市场化医药科技成果转化服务。

日记：发展健康服务新业态

第一，发展健康服务新业态，对餐饮产业与餐饮企业来讲责无旁贷，这也契合了健康餐饮的理念。健康餐饮是健康服务新业态在餐饮产业的表现，以健康食堂与健康餐厅形式落地，并通过供应链和生态链接实现。

第二，发展健康服务新业态，要求餐饮企业打开思路，围绕健康餐饮主旨诉求，针对顾客健康服务需求，结合自身优势资源，设计、构建、运行多种形式的餐饮服务新业态，突出健康餐饮属性，完善医疗养生。

第十九章　积极发展健身休闲运动产业

进一步优化市场环境，培育多元主体，引导社会力量参与健身休闲运动设施建设运营。推动体育项目协会改革和体育场馆资源所有权、经营权分离改革，加快开放体育资源，创新健身休闲运动项目推广普及方式，进一步健全政府购买体育公共服务的体制机制，打造健身休闲综合服务体。鼓励发展多种形式的体育健身俱乐部，丰富业余体育赛事，积极培育冰雪、山地、水上、汽摩、航空、极限、马术等具有消费引领特征的时尚休闲运动项目，打造具有区域特色的健身休闲示范区及健身休闲产业带。

日记：积极发展健身休闲运动产业

第一，健康餐饮是健身休闲运动产业的配套业态，应围绕健身休闲运动产业开发不同店态餐饮服务，如运动餐厅、休闲餐厅。餐饮企业要从健康原点出发，创新思维，不断前行。

第二，从健身休闲运动产业到餐饮产业，健康餐饮是中心与媒介，健康餐饮要成为发展休闲运动产业的推动者。关于健康餐饮如何助力休闲运动产业发展，餐饮企业应认真思考并勇于实践。

第二十章　促进医药产业发展

第一节　加强医药技术创新

完善“政产学研用”一体化协同创新体系，推动医药创新和转型升级。加强专利药、中药新药、新型制剂、高端医疗器械等创新能力建设，推动治疗重大疾病的专利到期药物实现仿制上市。大力发展生物药、化学药新品种、优质中药、高性能医疗器械、新型辅料包材和制药设备，推动重大药物产业化，加快医疗器械转型升级，提高具有自主知识产权的医学诊疗设备、医用材料的国际竞争力。加快发展康复辅助器具产业，增强自主创新能力。健全质量标准体系，提升质量控制技术，实施绿色和智能改造升级，到2030年，药品、医疗器械质量标准全面与国际接轨。

第二节　提升产业发展水平

发展专业医药园区，支持组建产业联盟或联合体，构建创新驱动、绿色低碳、智能高效的先进制造体系，提高产业集中度，增强中高端产品供给能力。大力发展医疗健康服务贸易，推动医药企业走出去和国际产业合作，提高国际竞争力。到2030年，具有自主知识产权新药和诊疗装备国际市场份额大幅提高，高端医疗设备市场国产化率大幅提高，实现医药工业中高速发展和向中高端迈进，跨入世界制药强国行列。推进医药流通行业转型升级，减少流通环节，提高流通市场集中度，形成一批跨国大型药品流通企业。

日记：促进医药产业发展

第一，对餐饮产业与餐饮企业来讲，在持续研发创新产品的同时，可考虑将“药膳”产品导入餐单设计，使其成为餐饮企业产品体系的组成部分，这也是餐饮产业实施健康餐饮的落脚点。

第二，自古以来“药食同源”是中药界、饮食界都坚守的养生理念，餐饮界不乏优秀的药膳产品，中医药材更是已成为餐饮调料领域的生力军。持续研发创新中药材的饮食用途已成为餐饮企业的重要任务。

第七篇　健全支撑与保障

第二十一章　深化体制机制改革

第一节　把健康融入所有政策

加强各部门各行业的沟通协作，形成促进健康的合力。全面建立健康影响评价评估制度，系统评估各项经济社会发展规划和政策、重大工程项目对健康的影响，健全监督机制。畅通公众参与渠道，加强社会监督。

第二节　全面深化医药卫生体制改革

加快建立更加成熟定型的基本医疗卫生制度，维护公共医疗卫生的公益性，有效控制医药费用不合理增长，不断解决群众看病就医问题。推进政事分开、管办分开，理顺公立医疗卫生机构与政府的关系，建立现代公立医院管理制度。清晰划分中央和地方以及地方各级政府医药卫生管理事权，实施属地化和全行业管理。推进军队医院参加城市公立医院改革、纳入国家分级诊疗体系工作。健全卫生计生全行业综合监管体系。

第三节　完善健康筹资机制

健全政府健康领域相关投入机制，调整优化财政支出结构，加大健康领域投入力度，科学合理界定中央政府和地方政府支出责任，履行政府保障基本健康服务需求的责任。中央财政在安排相关转移支付时对经济欠发达地区予以倾斜，提高资金使用效益。建立结果导向的健康投入机制，开展健康投入绩效监测和评价。充分调动社会组织、企业等的积极性，形成多元筹资格局。鼓励金融等机构创新产品和服务，完善扶持措施。大力发展慈善事业，鼓励社会和个人捐赠与互助。

第四节　加快转变政府职能

进一步推进健康相关领域简政放权、放管结合、优化服务。继续深化药品、医疗机构等审批改革，规范医疗机构设置审批行为。推进健康相关部门依法行政，推进政务公开和信息公开。加强卫生计生、体育、食品药品等健康领域监管创新，加快构建事中和事后监管体系，全面推开“双随机、一公开”机制建设。推进综合监管，加强行业自律和诚信建设，鼓励行业协会商会发展，充分发挥社会力量在监管中的作用，促进公平竞争，推动健康相关行业科学发展，简化健康领域公共服务流程，优化政府服务，提高服务效率。

日记：深化体制机制改革

第一，健康食堂与健康餐厅是餐饮产业的新业态，是餐饮企业的新形态，需要用新的机制来构建。餐饮企业可以考虑以合伙制形式来建设健康食堂与健康餐厅，做大规模，促进健康餐饮发展。

第二，创新监管机制，强化管理、督导、监控，体制上有督导设计，管理上有责任设计，溯源上有智能跟进，形成"横到边、纵到底"的追溯、管理、监控机制，将事故消灭在萌芽中，杜绝一切食品安全事故发生。

第二十二章　加强健康人力资源建设

第一节　加强健康人才培养培训

加强医教协同，建立完善医学人才培养供需平衡机制。改革医学教育制度，加快建成适应行业特点的院校教育、毕业后教育、继续教育三阶段有机衔接的医学人才培养和培训体系。完善医学教育质量保障机制，建立与国际医学教育实质等效的医学专业认证制度。以全科医生为重点，加强基层人才队伍建设。完善住院医师与专科医师培养和培训制度，建立公共卫生与临床医学复合型高层次人才培养和培训机制。强化面向全员的继续医学教育制度。加大基层和偏远地区扶持力度。加强全科、儿科、产科、精神科、病理、护理、助产、康复、心理健康等急需紧缺专业人才培养培训。加强药师和中医药健康服务、卫生应急、卫生信息化复合人才队伍建设。加强高层次人才队伍建设，引进和培养一批具有国际领先水平的学科带头人。推进卫生管理人员专业化、职业化。调整优化适应健康服务产业发展的医学教育专业结构，加大养老护理员、康复治疗师、心理咨询师等健康人才培养和培训力度。支持建立以国家健康医疗开放大学为基础、中国健康医疗教育慕课联盟为支撑的健康教育培训云平台，便捷医务人员终身教育。加强社会体育指导员队伍建设，到2030年，实现每千人拥有社会体育指导员2.3名。

第二节　创新人才使用评价激励机制

落实医疗卫生机构用人自主权，全面推行聘用制，形成能进能出的灵活用人机制。落实基层医务人员工资政策。创新医务人员使用、流动与服务提供模式，积极探索医师自由执业、医师个体与医疗机构签约服务或组建医生集团。建立符合医疗卫生行业特点的人事薪酬制度。对接国际通行模式，进一步优化和完善护理、助产、医疗辅助服务、医疗卫生技术等方面人员评价标准。创新人才评价机制，不将论文、外语、科研等作为基层卫生人才职称评审的硬性要求，健全符合全科医生岗位特点的人才评价机制。

日记：加强健康人力资源建设

第一，餐饮产业助推健康食堂与健康餐厅建设，应从培养健康人才入手，可以在原有职业教育中增加健康餐饮讲授内容，还可以考虑新增“健康管理师”培训、发证项目，并持证上岗。

第二，“健康管理师”是为餐饮企业，尤其是健康餐饮配备的职位，健康管理师是对就餐人群健康进行监测、分析、评估、维护与促进的专业人员。加强健康管理师的培养是餐饮企业构建健康餐饮的重要举措。

第二十三章　推动健康科技创新

第一节　构建国家医学科技创新体系

大力加强国家临床医学研究中心和协同创新网络建设，进一步强化实验室、工程中心等科研基地能力建设，依托现有机构推进中医药临床研究基地和科研机构能力建设，完善医学研究科研基地布局。加强资源整合和数据交汇，统筹布局国家生物医学大数据、生物样本资源、实验动物资源等资源平台，建设心脑血管、肿瘤、老年病等临床医学数据示范中心。实施中国医学科学院医学与健康科技创新工程。加快生物医药和大健康产业基地建设，培育健康产业高新技术企业，打造一批医学研究和健康产业创新中心，促进医研企结合，推进医疗机构、科研院所、高等学校和企业等创新主体高效协同。加强医药成果转化推广平台建设，促进医学成果转化推广。建立更好的医学创新激励机制和以应用为导向的成果评价机制，进一步健全科研基地、生物安全、技术评估、医学研究标准与规范、医学伦理与科研诚信、知识产权等保障机制，加强科卫协同、军民融合、省部合作，有效提升基础前沿、关键共性、社会公益和战略高科技的研究水平。

第二节　推进医学科技进步

启动实施脑科学与类脑研究、健康保障等重大科技项目和重大工程，推进国家科技重大专项、国家重点研发计划重点专项等科技计划。发展组学技术、干细胞与再生医学、新型疫苗、生物治疗等医学前沿技术，加强慢病防控、精准医学、智慧医疗等关键技术突破，重点部署创新药物开发、医疗器械国产化、中医药现代化等任务，显著增强重大疾病防治和健康产业发展的科技支撑能力。到 2030 年，实现科技论文影响力和三方专利总量进入国际前列，进一步提高科技创新对医药工业增长贡献率和成果转化率。

日记：推动健康科技创新

第一，餐饮产业与餐饮企业打造健康食堂与健康餐厅要借助科技力量，进行智力赋能，要导入 5G、AI、大数据、物联网手段，从顾客健康信息获取、个性健康指引、餐饮营养构成方面着力。

第二，将智能设备导入健康食堂与健康餐厅设备设施体系中，如自动称重设备、营养标注设备、信息传输存储、环境自动测报等。当然，导入智慧、智力、智能不可能一蹴而就，要根据餐饮企业实际情况分步实施。

第二十四章　建设健康信息化服务体系

第一节　完善人口健康信息服务体系建设

全面建成统一权威、互联互通的人口健康信息平台，规范和推动“互联网 + 健康医疗”服务，创新互联网健康医疗服务模式，持续推进覆盖全生命周期的预防、治疗、康复和自主健康管理一体化的国民健康信息服务。实施健康中国云服务计划，全面建立远程医疗应用体系，发展智慧健康医疗便民和惠民服务。建立人口健康信息化标准体系和安全保护机制。做好公民入伍前与退伍后个人电子健康档案军地之间接续共享。到 2030 年，实现国家省市县四级人口健康信息平台互通共享、规范应用，人人拥有规范化的电子健康档案和功能完备的健康卡，远程医疗覆盖省市县乡四级医疗卫生机构，全面实现人口健康信息规范管理和使用，满足个性化服务和精准化医疗的需求。

第二节　推进健康医疗大数据应用

加强健康医疗大数据应用体系建设，推进基于区域人口健康信息平台的医疗健康大数据开放共享、深度挖掘和广泛应用。消除数据壁垒，建立跨部门跨领域密切配合、统一归口的健康医疗数据共享机制，实现公共卫生、计划生育、医疗服务、医疗保障、药品供应、综合管理等应用信息系统数据采集、集成共享和业务协同。建立和完善全国健康医疗数据资源目录体系，全面深化健康医疗大数据在行业治理、临床和科研、公共卫生、教育培训等领域的应用，培育健康医疗大数据应用新业态。加强健康医疗大数据相关法律法规和标准体系建设，强化国家、区域人口健康信息工程技术能力，制定分级分类分域的数据应用政策规范，推进网络可信体系建设，注重内容安全、数据安全和技术安全，加强健康医疗数据安全保障和患者隐私保护。加强互联网健康服务监管。

日记：建设健康信息化服务体系

第一，餐饮产业与餐饮企业实施健康食堂、健康餐厅战略，打造信息化服务体系，要针对顾客健康数据、健康状态、健康需求，运用智能设备设施，建立健全顾客健康信息档案体系。

第二，顾客健康信息档案建设是健康食堂与健康餐厅顾客服务的内容。顾客健康信息档案在顾客基本信息基础上，侧重顾客的健康状况、饮食状态、注意事项和饮食禁忌，为餐饮企业顾客健康管理服务。

第二十五章　加强健康法治建设

推动颁布并实施基本医疗卫生法、中医药法，修订实施药品管理法，加强重点领域法律法规的立法和修订工作，完善部门规章和地方政府规章，健全健康领域标准规范和指南体系。强化政府在医疗卫生、食品、药品、环境、体育等健康领域的监管职责，建立政府监管、行业自律和社会监督相结合的监督管理体制。加强健康领域监督执法体系和能力建设。

日记：加强健康法治建设

第一，构建健康食堂与健康餐厅，要导入法治建设，进行体制、机制、制度层面的建设。在政府相应法律规定的指引下，餐饮产业应出台相应的指导条例，餐饮企业应设计相应的制度体系。

第二，健康食堂法治建设是保证健康餐饮稳健前行的重要命题，从健康餐饮体制建设到健康餐饮机制构建、从健康餐饮制度设计到健康餐饮共同准则，法治建设确保健康餐饮在正确的轨道上行驶。

第二十六章　加强国际交流合作

实施中国全球卫生战略，全方位积极推进人口健康领域的国际合作。以双边合作机制为基础，创新合作模式，加强人文交流，促进我国和“一带一路”沿线国家卫生合作。加强南南合作，落实中非公共卫生合作计划，继续向发展中国家派遣医疗队员，重点加强包括妇幼保健在内的医疗援助，重点支持疾病预防控制体系建设。加强中医药国际交流与合作。充分利用国家高层战略对话机制，将卫生纳入大国外交议程。积极参与全球卫生治理，在相关国际标准、规范、指南等的研究、谈判与制定中发挥影响，提升健康领域国际影响力和制度性话语权。

日记：加强国际交流合作

第一，餐饮产业构建健康餐饮也应实施“请进来、走出去”的策略，借鉴先进国家、先进地区的健康餐饮理念、方法和工具，导入先进智能健康设备，如分析测试仪器，助力健康餐饮运行。

第二，在健康餐饮领域开展国际交流合作，为健康餐饮提供更广阔的舞台，“一带一路”沿线项目、中资海外项目、大型国际展会都是这个舞台中的机会。餐饮企业要组团发展，让健康餐饮与世界交融。

第八篇　强化组织实施

第二十七章　加强组织领导

完善健康中国建设推进协调机制，统筹协调推进健康中国建设全局性工作，审议重大项目、重大政策、重大工程、重大问题和重要工作安排，加强战略谋划，指导部门、地方开展工作。

各地区各部门要将健康中国建设纳入重要议事日程，健全领导体制和工作机制，将健康中国建设列入经济社会发展规划，将主要健康指标纳入各级党委和政府考核指标，完善考核机制和问责制度，做好相关任务的实施落实工作。注重发挥工会、共青团、妇联、残联等群团组织以及其他社会组织的作用，充分发挥民主党派、工商联和无党派人士的作用，最大限度凝聚全社会共识和力量。

日记：加强组织领导

第一，构建健康餐饮，餐饮产业要对餐饮企业组织进行指导，出台相应政策指引，组建相关餐饮协会，组合各种餐饮形态，推广先进工作经验，培训相关专业人员，介绍专业设备设施，从组织发力。

第二，在餐饮企业层面，加强健康食堂与健康餐饮组织建设，即企业总裁直接承担责任，并与组织日常运行相匹配，通过部门分工协作落地实施计划，形成高效、有序的组织领导架构，强化健康食堂的组织领导。

第二十八章　营造良好社会氛围

大力宣传党和国家关于维护促进人民健康的重大战略思想和方针政策，宣传推进健康中国建设的重大意义、总体战略、目标任务和重大举措。加强正面宣传、舆论监督、科学引导和典型报道，增强社会对健康中国建设的普遍认知，形成全社会关心支持健康中国建设的良好社会氛围。

日记：营造良好社会氛围

第一，餐饮产业与餐饮企业要大力宣传推广“健康中国、全民健康、健康食堂、健康餐饮”理念，利用自身媒介引导顾客，形成对健康餐饮的认知与认同，形成顾客支持、关心、参与的良好氛围。

第二，餐饮产业与餐饮企业要利用报纸、杂志、网站、公众号、海报、挂旗、展示屏、餐单、隔栏、桌签载体，介绍、宣传健康餐饮知识，推广健康餐饮理念、方法、工具，以营造健康餐饮良好氛围。

第二十九章　做好实施监测

制定实施五年规划等政策文件，对本规划纲要各项政策和措施进行细化完善，明确各个阶段所要实施的重大工程、重大项目和重大政策。建立常态化、经常化的督查考核机制，强化激励和问责。建立健全监测评价机制，制定规划纲要任务部门分工方案和监测评估方案，并对实施进度和效果进行年度监测和评估，适时对目标任务进行必要的调整。充分尊重人民群众的首创精神，对各地在实施规划纲要中好的做法和有效经验，要及时总结，积极推广。

日记：做好实施监测

第一，餐饮产业与餐饮企业建设健康餐饮，要有配套的监督监管机制，并接受政府相关部门的监督管理、接受行业协会相关部门的监督管理，以完善自身运营体系，使健康餐饮能够健康发展。

第二，餐饮企业打造健康餐饮，要健全监管体系，从食材原料溯源监管到生产加工制作监管、从食品安全措施监管到工作人员作业监管、从设备设施运行监管到顾客管理信息监管，来确保健康餐饮安全运行。

第三部分

16 个健康餐饮案例

一　新华航空健康航食

新华航食是一家有顶流资质的航空食品生产企业，是一家超大规模、超强产能营养餐食配餐企业，是一家讲食品安全与膳食均衡的餐饮企业，是一家以航食为主、跨界经营、为顾客提供餐食解决方案的企业。

1. 新华航食企业简介

北京新华空港航空食品有限公司（以下简称新华航食），是在中国民航总局支持下成立的航空食品企业，是我国唯一在 A 板上市的航空食品生产企业，也是我国唯一有生产制作犹太餐与清真餐资质的公司。

新华航食餐食制作最大产能为 8 万份餐食 / 天，拥有 6 条独立餐食制作流水线，可同时生产热链、冷链、特殊餐（20 余种，包含素餐、无麸质餐、低脂 / 低卡餐、印度餐）等产品。年收入逾 3 亿元人民币。

新华航食以为顾客创造价值为导向，秉承“诚信、创新、业绩”的服务宗旨，为会展经济、国家元首（VVIP 420 余人次）、国家领导（VIP 要客 3 万余人次）提供过餐食服务，为国内外 30 余家航空公司提供配餐服务。

2. 营养食谱产品组合

①航食食谱食材选择。恪守食品卫生品质，严格加工制作标准；供应商均为产地、厂家、品牌顶流企业；不选用过敏、风险高的食材，肉类均为排酸与灭菌的冷冻肉类，蔬菜类食材要通过两次农药残留检测。

②外包定制选材组合。把握国内航空公司餐食服务简约定制、国际航空公司餐食服务标配定制、特殊需求与特殊事件的特供定制，餐盒、器型、尺度、品相定制 4 个要点。定制使一人份的精致理念备受青睐。

③团体餐饮制售组合。把握为展会活动提供盒餐、便当、轻餐服务，为国际学校与大专院校提供热餐、正餐、简餐服务，为公司、机构、政府提供团餐服务 3 个要点，以及节日、节令、美食节等主题活动。

3. 航食服务营养标注

①快速准确礼貌服务。新华航食餐食服务用“快速、准确、得体”描述比较恰当，当然，背后是完备的配送服务流程与运营标准，航机员与乘务员交接过程规定，交接过程的确认单、签字人的责任确认等体系保障。

②正餐茶餐饮品服务。新华航食为不同时段乘机旅客提供不同餐食，包括早餐正餐、午餐正餐、晚餐正餐、点心餐和纸袋餐等。正餐的仪式感、茶

餐的亲切感、饮品转化心情，受到业界与顾客的普遍好评。

③食量匹配营养标注。新华航食提供的产品经过营养师检量与计算，并由航空公司确认，满足营养配餐需求；张贴相关标识，防止产品过期，规避食品安全风险。一切皆因对生命关爱、对健康关注、对乘客关怀。

4. 航食赛道研发创新

①世餐饮食研发创新。新华航食为国际航空提供世界餐饮，对世餐、菜式、食材、餐料要有深刻的理解，要有深厚的修炼与积累。新华航食超强的研发团队，能够提供让乘客想家的美食料理。

②西餐饮食研发创新。新华航食结合航餐食用特点，导入特殊工艺（意面冷冻、冷藏、加热），既保证了食品安全又保证了西餐品相；为降低西餐食材成本，惠及更多乘客，原料国产化正在进行中。

③中式菜肴研发创新。新华航食不断丰富中式菜肴产品品类，把握西式中做、中式西做原理，生成中国人、外国人都能吃、都爱吃的合璧美食。新华航食人知道爱与美食没有国界，中式菜肴也要有新的吃法。

④点心茶餐研发创新。所选食材新鲜、用料考究、口感丰富、有滋有味，采用中西混搭手法，在欧式点心中融入中式手法与口味元素，为乘客呈现西点口感与中点味道，如沙茶鸡肉丹麦酥、叉烧杏鲍菇丹麦酥。

5. 安全营养健康升级

①食品安全放在首位。新华航食拥有完善的原辅料采购体系，对每批食材按规定留样检测，确保能够追根溯源；拥有先进的异物检测与温测设备，对生产线、动线流程、生产过程进行全流程监控，以确保产品安全。

②营养配餐尊重规律。新华航食营养配餐做足了几门功课：一是营养师、配餐师对每道菜肴进行营养测算，确保膳食均衡；二是每餐食谱匹配确保营养元素比例合理；三是餐食制作锁定营养元素，为乘客提供所需能量。

③健康饮食倾注关爱。既然新华航食以世界餐制作为专长，背后有多国研发团队支持，那么吸纳地中海式饮食、日本料理轻食、中东清真饮食等优

点，推出适合我国国情与国人的健康饮食，是新华航食人的现实选择。

6. 新华航空物流体系

①超大产能中央工厂。新华航食拥有建设规模达 23 350 平方米的中央工厂、6 条独立的生产线，并配备原料库、半成品库、成品库房、操作专间，能根据航司不同、季节不同、三餐不同，保证热链、冷链、常温餐出品。

②超强灵动配送体系。新华航食设有生产调度室，负责跟踪、更新、调整产品供需信息；拥有 30 余辆配送车、加餐车以应对突发情况。航食航机员与航空乘务员有一套完善的交接流程，以确保餐食供应及时准确。

③超强能力采购仓储。新华航食根据常态运营与业务订单，每月制订粮油原料批次供应、生鲜瓜果每日供应采购计划；备有整层的常温库、冷藏库、冷冻库库房体系，有专业的实务管理、账簿管理和责任管理。

结语

新华航食业务虽有不确定性，但新华航食领导层带领团队创造了令人瞩目的业绩。新华航食有服务宗旨与顶层设计、有研发导入并中西合璧、有跨界经营与方案落地，新华航食人的谦逊让人敬仰。

二　麦金地的案例分析

上海麦金地集团股份有限公司是中国团餐领域的头部企业。麦金地北京公司作为麦金地集团大中国区布局的样板，为业界提供了健康食堂的理念、实务、作业和教科书式案例，正因如此，也收获了不俗的业绩。

1. 麦金地的企业简述

上海麦金地集团股份有限公司（以下简称麦金地）是以团餐服务为运营主旨，专注于组织机构与城市家庭餐饮的专业平台，是中国团餐行业的头部企业，是耕耘团餐领域产销、配销和销售的全产业链企业集团。

麦金地分别在上海、成都设立了运营总部与管理总部，指导北京、深圳及河南等多个区域分部。在健康食堂的实践中，麦金地北京公司秉持“为顾客提供营养健康膳食”的理念开展行动，收获了不俗的业绩。

麦金地北京公司是健康食堂实践的成功典范，作为大区，其在健康食堂训练机制构建、食品安全控制、营养标注落地、日常饭市运行和健康食堂管理等诸多方面建立起了具有麦金地特色的健康食堂模式。

2. 营养标注理性配餐

营养标注是麦金地健康食堂的“神器”，营养标注工作细化包括以下几项内容：一是营养元素比例与各项数据标注明晰；二是性别、身高、体重等基础指标与营养含量的关联；三是基础疾病与体重过重的饮食干预，利用医食同源理论解决问题。

麦金地健康食堂为了细化营养标注，在营养师、配餐师的专业指导下，以营养菜谱设计为核心，综合考量食材属性、物流特性、加工技术、烹饪工艺、成本水平和售卖方式等因素，确保营养价值有功有效。

围绕营养标注，麦金地健康食堂导入理性配餐机制，配餐师结合就餐群体的特性，为每个饭市设计配餐指引，指导厨师细化配餐流程、分解配餐步骤、落地配餐细则，并督导、检查、评价配餐工作的全过程。

3. 服务优化智控体验

麦金地拥有团餐专用 ERP 系统，将精益管理导入健康食堂运行，通过“理性设计 + 智能控制”，细分工作班次、把控时段运行，细化营业预估预货、控制进货补货数量，细算各项成本费用，旨在实现零库存管理。

饭市运行过程呈现的批次、波次、数量控制是现场运行管控难题，麦金地健康食堂运用智能控制技术，将就餐人员即时流量与菜品售卖数量进行对标分析，通过专业智能设备的精准数据表现，用出品量做匹配。

服务营运品质是甲方关注的话题，麦金地通过优化服务环境、强化服务意识、提升服务效率，实现客户满意。麦金地健康食堂服务设计在基础健康、顾客档案、配方策略、营养搭配和饮食干预等方面做足了功课。

4. 环境生态指标体验

环境指标是打造健康食堂的重要因素，麦金地构建健康食堂，将生态环境指标作为必要条件，在建筑内外环境、布局结构比例、工作动线设计、装修装饰语言和设备设施环境等诸多方面发力，并对接运行指标。

麦金地北京公司在构建健康食堂环境方面有自己的独到之处。虽然在建筑内外环境方面以甲方担责为主，但麦金地北京公司会负责任地向甲方提出专业性的设计建议，并与甲方共同营建健康食堂环境。

麦金地北京公司在健康食堂环境日常运行、管控、督导方面，从每日清洁到随时清洁再到定期清洁有专门的训练，环境通风、温度、湿度指标控制有专门的约定，设备、设施维护与保养有专门的归责设计。

5. 安全营养健康晋级

①安全是麦金地健康食堂运营的关键。从就餐人员安全到工作人员安全、从食材进货安全到产品出品安全、从就餐环境安全到工作环境安全，麦金地健康食堂以食品安全为主旨构建人、财、物、法、境管控体系。

②营养是麦金地健康食堂的重要元素。根据不同年龄、不同地域、不同职位的就餐人群，导入食材品类，细分营养结构，把控食材加工与烹饪过程，旨在实现营养元素的无缝链接，便于“五高”人群选择食用。

③健康是麦金地健康食堂的核心元素。在健康饮食大概念的诉求下，引入营养师设计与配餐师配餐，针对就餐人员健康档案，设计专属人群用餐健康指引。麦金地健康食堂实现了安全——营养——健康持续晋级。

6. 麦金地的区域物流

麦金地已经完成中央厨房、中央工厂、产业园区的三次晋级，超强的物流体系设计与运行，是麦金地学习世界物流巨头 Sysco 的实践结果。采购、仓储、加工和配送，在信息智能的串联下助力麦金地的发展。

产业园区建设是麦金地供应链的重点，在全国重点省份产业园区战略布局，集采购、仓储、加工、配送为一体，在为麦金地项目提供物流支持的同时，还为城市净菜、家庭生鲜、外包定制、共享代工提供支持。

麦金地以链融超级供应链为平台，建设内生供应链与物流体系，始终围绕“健康食材——健康营养——健康膳食”的健康食堂物流诉求，打透产销端、配销端、销售端的各个端口，强化全产业链健康运行智能管控。

结语

麦金地以中国传统文化为根基，打造自己的企业文化，为员工搭建实现人生价值的事业平台，为顾客提供营养均衡的健康饮食，为所在地区创建团餐行业旗舰企业，为业界创建强势地位的国际品牌。麦金地健康食堂在行动！

三　振达餐饮健康食堂
——振达餐饮集团健康食堂案例

北京振达餐饮集团于1997年步入团餐行业，注册资金5000万元，是覆盖农业种植、原料供应、食品加工、物流配送、餐厅设计改造、厨房设备销售、健康膳食规划、劳务派遣、酒店管理、物业管理、餐饮服务的综合性餐饮企业集团。北京振达餐饮集团致力于打造首都第一品牌。

1. 振达餐饮集团简介

振达餐饮集团连续多年获得“中国团餐十强企业”及“中国团餐十大品牌”等荣誉称号。集团下设团餐事业部、养老医疗事业部和酒店事业部三大战略部门。目前，在北京、天津、上海，河北、山东、广东、四川以及东北地区等地拥有项目 190 余个，业务聚焦国家机关、国企央企、事业单位、部队、科研院校，写字楼、工厂园区，金融、养老医疗及美食广场等地域与领域。该集团目前拥有员工 4900 余人，日供餐人数达 34 万人次，是区域连锁、跨区发展、大中国区布局的企业集团。

25 年的发展历程，振达餐饮集团一直坚持“以品牌求生存，以创新求发展”的理念，做良心企业，做放心食品。振达人肩负着实现中华民族团餐发展伟大复兴梦的使命，不忘初心，永不放弃，打造百年基业目标不动摇。

振达餐饮集团以“用新鲜食材为顾客提供健康饮食”为企业使命，以“安全、美味、营养、健康”为企业宗旨，秉承“坚恒诚信、恪守商德、以人为本、稳步发展”16 字经营方针，努力打造顾客喜爱的健康食堂。

振达餐饮集团首先夯实并完善六好食堂基础，其次聚焦资源配置，打造数智化的智慧食堂，再次推出“前端营养食谱 + 后端健康食材”的健康食堂理念，实现了从六好食堂向智慧食堂再向健康食堂的升级。

2. 营养标注理性配餐

振达餐饮集团健康食堂注重营养食谱设计，针对员工阶层、高管阶层、“五高”人群等不同客群，从每日三餐入手，围绕吃什么、怎么吃、吃多少展开设计，聚焦核心产品与营养配比，使顾客吃出健康、喝出精彩。

营养配餐是振达餐饮集团健康食堂的焦点，营养配餐是营养元素品种、数量与结构的配比，是健康食材品种与数量的配比，是产品味型、工艺与技法的配比……，这些配比的综合配置，生成了一日三餐健康餐饮。

振达餐饮集团健康食堂以健康食材为原点追求，在种植、养殖、加工环节，即在产业源头基地进行食品安全全程管控、智力赋能督导监控、追溯机制全程高效发力，为健康食堂输送健康食材，从源头上锁定健康。

3. 服务优化智能控制

振达餐饮集团以服务优化突破服务的初级界面。服务优化涉及梳理点位、盘点端口、减少接触、聚焦对象、细化岗位等内容，通过线上交流、线下交友、健康档案管理，使服务体验人性化，满足并超越顾客期望。

振达餐饮集团以数智化驱动流程、节点、细则，聚焦营养配餐、健康提示、人脸识别、顾客档案、服务改善，以及投料比例、温度测控和智能机械等多个端点，旨在提高服务效率，降低服务成本，提升劳效人效。

健康食堂管理着眼细节，将“岗位 + 训练 + 评价”的管理模式落实于工作岗位细节中，量化开餐前、开餐中、开餐后三个阶段的工作实务，使工作人员熟悉工作内容、管理人员掌握督导方法，精益管理务实落地。

4. 环境生态指标体验

健康环境与健康食材、健康产品匹配，是构建健康食堂的基石。振达餐饮集团打造多维度、全景式、数智化的健康环境，使顾客得到高舒适度、高专业度的环境体验，以实现健康食堂健康环境氛围优化，达成专业指标。

健康食堂环境设计是综合性指标体系，涉及建材、灯光、给排风、给排水、温湿度、音乐、软装、垃圾处理、节能减排及设备设施等诸多指标。设备设施维护保养方案也成为振达餐饮集团健康食堂的核心优势。

健康食堂环境以数据与指标贯穿设计与运行的全过程，包括功能区域布局、设备设施功效、硬件软件配比、环境指标参数、装修装饰用语、工程维护保养以及环境信息监测等，旨在打造人性化的健康食堂环境。

5. 安全营养健康晋级

食品安全是人员、食材、用货、出品、服务和环境等各个端点的安全链接，辅以坚持不懈地做好每日清洁、随时清洁、定期清洁、维护保养，振达餐饮集团健康食堂食品安全连点成线，保证健康食堂的安全、健康。

振达餐饮集团健康食堂以“营养”作为重要驱动，根据不同年龄、不同地域、不同工作的就餐人群，使用营养食材，把控制作过程，精准对接客群，在保障食品安全链条健康运行的基础上形成脉络化的结构。

“健康”是打造健康食堂营养脉络的魂，振达餐饮集团打透营养师、配餐师、料理师的技术隔阂，强化健康饮食认知，完善顾客健康档案，设计健康就餐指引，指导顾客健康用餐，旨在实现健康食堂的持续升级。

6. 振达餐饮集团的物流体系

健康食材是振达餐饮集团物流体系的着眼点，涉及肉类、海鲜、水产、粮油、蔬菜、菌菇、蛋类、调料、乳品、果品和饮料，覆盖全行业、全品类、全品种，餐具、包装也为健康食材加持。振达餐饮集团为健康食材下定义。

振达餐饮集团将竞争优势前移至产销环节，战略采购链接基地订单，直拨存储定义架期货区，央厨共享畅享共享经济，城市物流对接项目运营，信息数智助力物流管理，时间空间锁定效率，优势前移赢得效益。

振达餐饮集团健康食堂直面甲方管理者、就餐人员的每周评价，从产品、服务、环境到物流、营养、健康方面的综合评判，生成评价报告。完善的评价机制，督导振达餐饮集团健康食堂持续精进、持续升级。

结语

《“健康中国2030”规划纲要》既是团餐业态2020—2030年的工作指南，又是振达餐饮集团打造健康食堂的初心与使命。振达餐饮集团始终牢记使命，将民生工程作业做实、做细，围绕安全、营养、健康运行目标，砥砺前行。

四　顺心健康食堂案例

四川顺心是顶流的地域品牌，在四川定义了川派团餐（川匠、川味、川情、川景）的外延与内涵。四川顺心以健康饮食为主线，既满足了顾客嗜辣的快感与体验，又从6个维度导入了川派团餐的健康饮食理念。

1. 顺心团餐企业简述

四川顺心餐饮投资管理有限公司（以下简称顺心团餐）是一家以打造中国特色团餐为己任的团餐企业。顺心团餐能在短短数年内跻身中国团餐十大知名品牌之列，关键在于"特色"二字。

团餐呈现社餐化与特色化的发展趋势，团餐企业要以用户为中心，不断进行膳食体验升级。顺心团餐生于天府之国，对川菜有着深刻的理解，而川菜已成为国人接受度最高的菜系之一，这正是顺心团餐的优势所在。

以川匠、川味、川情、川景四个核心要素为宗旨，基于对差异化竞争核心的深刻理解，顺心团餐形成了自己的经营主旨，那就是以建设"健康食堂"为核心，打造真正的专属川派团餐，构建"健康膳食"竞争优势。

2. 营养配餐营养标注

健康食堂以健康产品为决定要素，营养是健康食堂产品的标配。顺心团餐将产品营养做到了最好，从餐单设计中的营养选择与营养搭配，到加工烹饪过程中的营养保持与工艺运用，强化营养在出品中的地位。

如何让用餐者吃得明白、吃得放心？顺心团餐将营养标注导入出品环节，即每道出品都必须进行营养标注，不但标注营养，而且注明适宜人群、建议食量和禁忌人群信息，让用餐者根据营养标注做选择。

借助科技手段，将智能工具引入产品营养标注的工作中，为此，顺心团餐不惜加大投入，添加设备，引进专业人员，从用餐人员的视角定位营养标注的每一环节和每个细则，使营养标注工作真正落在实处。

3. 服务优化智控体验

健康食堂以健康服务为重要因素，就餐服务以营养、健康为主导，通过为就餐者提供定制化、个性化、健康型的餐饮服务，匹配相应的营养膳食，并借助智能设备、智控设施、智享平台、数据分析实现健康服务。

顺心团餐将"健康、营养"导入健康食堂的服务运行中，在服务理念塑造、服务流程设计、服务标准制定、服务实践落地的整个服务过程中，以人为本，既聚焦就餐顾客，又关注工作人员，优化智控服务体验。

顺心团餐提倡智能化的服务体验，导入智能称重、营养数据、个性分析、健康提示等设备设施，使就餐顾客能够便捷、准确地掌握自身健康状况，从而有针对性地选择适合自己的健康膳食。

4. 环境生态指标数据

健康食堂以健康环境为关键要素，健康食堂环境设计是建筑结构比例秩序、装修装饰规则细节、设备设施位置能效等诸多指标与数据的集合，以平面布局、效果呈现、图纸绘制、施工图表和监理方案来表现。

顺心团餐健康食堂的环境设计，以“打造健康环境”为设计理念，围绕生态环境、营建指标、空间数据、动线流程、区域分割及设备设施等关键环节，做出符合健康环境、人体功效、作业效率的理性化设计。

顺心团餐健康食堂环境设计以指标、数据贯穿运行的全过程，从功能区域布局到设备设施功效、从硬件软件配比到环境指标参数、从装修装饰用语到工程维护保养，顺心团餐始终在践行“健康环境”的设计初心。

5. 安全、营养、健康

①安全是顺心团餐打造健康食堂的第一命题。从人员安全到食品安全、从环境安全到运行安全，顺心团餐以人为本，严格执行工作措施，落实食品安全制度细则，把控所有环节的安全工作细节，实施全程督导。

②营养是顺心团餐打造健康食堂的重要命题。从餐单设计到产品研发、从膳食制作到出品呈现、从营养标注到个性提示，顺心团餐围绕营养主题，针对不同的就餐群体与个体，呈现适配的营养型餐食与饮品。

③健康是顺心团餐打造健康食堂的关键命题。虽然是川企，但顺心团餐突破菜系的地域性，规避过度用油及使用调味料，严格界定使用标准，牢牢把握“度”的限制，从而有效地将健康营养的理念落到实处。

6. 供应链条追溯管理

健康食堂必须有健康的供应链做保障，健康的供应链是对健康食材、健康物料、健康加工、健康存储及健康配送的全面背书，健康供应链是健康出品和营养出品的先决条件，追溯管理是健康供应链的督导手段。

顺心团餐以追溯机制作为打造健康供应链的切入口，严格的追溯机制将食材品质、物料质量、采购信息、存储信息、加工信息和配送信息全程打透，并与食品安全深度链接，通过科技手段追溯工作责任。

得益于严格的追溯机制与管理，健康供应链成为顺心团餐健康食堂的第一道食品安全防线，并在此基础上导入营养标准，将健康与营养集合，形成了具有地域特性的“顺心健康食堂”模式，呈现出连锁发展态势。

结语

为让顾客认知、认可健康团膳，顺心团餐在提升顾客对健康饮食的认知、逐渐改变嗜辣顾客的饮食习性，以及智力赋能、营养标注、数据说话方面做了大量工作，既包括营运团队作业，又包括对顾客的心理辅导。

五　天津中山美食林案例

美食林案例通过美食林的发展历程、集权配送、食安管控、管理模式、文化经营、亮点分析六个方面，讲述了二线为王、两代执掌、双核驱动、两个利润案例布局设计。

1. 美食林的发展历程

中山美食林的成长历程可用3个阶段、6个节点的里程碑发展来概括。

①初创阶段的美食林。2000年7月，中山美食林成立，员工约20人；2003年7月，美食林河北区配送中心成立，员工250人。由于美食林有做快餐、小吃业态的经历，故能运用规模经济与集约经营做双核驱动。

②成长阶段的美食林。2009年9月，美食林有直营门店4个、食堂项目6个，员工超150人；2015年8月，实行集中采购，设置采购公司，经营食堂项目35个，成立津南配送中心，配送能力达3000份/天，收获业绩。

③成熟阶段的美食林。2018年7月，累计经营项目近百个，正在经营的食堂项目50个。设置两个配送中心，配送盒饭8000份/天，旗下员工近千人；2020年至今，美食林经营食堂近百家，旗下员工1300人。

2. 美食林的集权配送

美食林事业类型包括团餐服务、快餐配送、食材配送、宴席服务。

①美食林团餐服务。美食林为企事业单位、学校、医院、政府、军队提供团餐统配服务，以规范化、专业化的服务体验以及美味出品、创新经营为客户打造满意团餐。供餐方式包括盒饭、快餐、自选餐、自助餐、冷餐、宴席。

②美食林快餐配送。对于不具备现场制作条件的项目，由公司配餐中心统一配送，快餐统配模式包括盒饭复热与现场分餐两种。美食林热链配送现场分餐，能保持食物的品相、温度、口味，比盒饭复热有更高的复购率。

③美食林食材配送。美食林旗下所有项目的食材使用严禁自采，通过公司自建的ERP系统统一订货；再通过互联网进行供应厂商——项目营运——客户管理一站式运营管控以保障品质。美食林配送中心在持续发力。

3. 美食林的食安管控

美食林的饮食安全与全程管控通过7个步骤把握环节、节点和细则。

①供应商——食材库：供应厂商、批次信息、入库信息和储存信息；

②食材库——全流程：原料代码、出库信息、工单信息和原料批次；

③全流程——周转库：产品信息、入库信息、质检结果和原料批次；

④周转库——初加工：产品信息、出库信息、质检结果和原料批次；

⑤精加工——出成品：出库信息、批次信息、成品感官和测试信息；

⑥出成品——留样品：成品感官、测试信息、留样信息和留样管理；

⑦留样品——出餐品：客户信息、产品信息、消费信息和客诉信息。

美食林通过强配销打透了上游产销、中游配销、下游销售安全管理。

美食林通过采购管理、验收入库、加工制作、出品留样实现安全管理。

4. 美食林的管理模式

美食林的管理模式是用智力驱动“产品组合 + 服务体验 + 环境设计”。

①美食林的产品组合。无论是盒饭、快餐、自助，还是早市、午市、晚市，或是堂食、外带、外送，以及冷菜、热菜、面点，不但保留了津门美食的传统味道，而且导入了起士林西餐产品，是地域团餐的典范。

②美食林的服务体验。美食林的服务设计既有快餐服务的效率，又有中餐服务的艺术，还有真诚的到家服务。在人口红利不在、人员短缺的今天，服务体验背后是用工制度与训练体系的超强设计。

③美食林的环境设计。以智力赋能与数智设计为主线，无论是服务环境的灯光、色彩、温度、动线、家私和洗涤，还是厨务环境单元、岗位、动线、设备设施和垃圾，都能用数据来表现，并符合节能环保理念。

5. 美食林的文化经营

美食林有企业愿景、理念、准则，以及配套的八字方针企业精神。

①务实。美食林坚持 20 年潜心经营、务实钻研，专心只做美食一件事，并投入全部精力与耐心，旨在将美食事业做到极致。

②创新。产品创新是推动美食林发展的动力。美食林提倡静水潜流式创新模式，没有一蹴而就，只有一步一个脚印地稳步创新。

③团结。美食林致力于打造开放、分享的核心价值观，任何部门和员工都要具备团队合作精神，形成利益共同体、命运共同体。

④高效。美食林坚持高效执行理念，去繁从简，真正实现高效管理与作业预期，员工敢于负责，工作执行闭环，权力提升效率。

美食林坚持持续创新，结合市场需求，坚持客户百分百满意的服务理念，始终践行“务实、创新、团结、高效”的企业精神。

6. 美食林的亮点分析

①团餐经营解决方案。20 多年来，美食林以专业、专注、专门，耐心、恒心、匠心深耕团餐领域，在学校、机构、公司、医院、部队和外送领域布局，从品类经营到区域经营再到跨区经营为顾客提供解决方案。

②智力赋能超强管理。美食林的智力赋能，无论是供应链条（厂商组合、加工配送、出品管控）管控，还是数智环境（服务体系、厨务体系、行政体系）打造，都源于美食林的操盘手具有 IT 企业经营的背景与经历。

③资产重组资本经营。美食林用前端规模经济与后端集约经营打造了两个利润中心，不但受到协会褒奖，而且在项目升级、智力赋能、训练管理、资产重组、超强配送和上市经营方面输出成型的系统与管理。

结语

环境在变、市场在变、竞争规则在变，中山美食林健康饮食双核驱动策略也在变。美食林起源天津，二线城市布局；美食林两代执掌，运营与时俱进；美食林双核驱动，食谱食材叠加；美食林两个利润，事业可持续发展。

六　超能鹿战队健康饮食

“互联网 + 健康餐饮”——超能鹿战队！健康饮食赛道设计、商业模式产品组合、堂食外带外卖体验、产品研发智力赋能、安全营养健康晋级、物流健康追溯管理六大健康主题，开出 500 多家门店的骄人业绩。

1. 健康饮食赛道设计

健康饮食赛道设计，讲述“企业本质、行业愿景、产业预期”关键词。

超能鹿战队是一家致力于科学饮食、功能饮食、健康饮食事业赛道的领袖品牌。其经营理念是尊重科学、医食同源、均衡营养，使现代人建立科学的起居模式、饮食方式、工作模式、思考方式，从而健康体魄。

超能鹿战队是一个叠加了健身业、餐饮业、“互联网+”诸多业态优点的复合行业。超能鹿战队是以轻餐、轻食为主线，叠加了西餐、日餐、中餐优势，以季节为背景、有200多款产品库的健身餐研发机构。

超能鹿战队是一个为健身精英、上班族系、“五高”人群提供营养餐的健康产业。超能鹿战队是以健身餐为主打，跨越健身业、餐饮业、零售业，聚合研发机构、营养食谱、健康食材领域优势的超级跨境企业。

2. 商业模式产品组合

产品营养标注，讲述“养生食谱、营养标注、七天周期”三个关键词。

超能鹿战队以《黄帝内经》中“五谷为养，五果为助，五畜为益，五菜为充”的健康饮食理念进行产品食材搭配。超能鹿战队产品研发，汲取了国内外健康餐厅百家之长，旨在研发出适合国人体质的健康餐。

超能鹿战队的低GI谷物饭、鲜榨混合果蔬汁、减脂菠菜卷、Super荞麦凉面、Fitness减脂沙拉、日式谷物蛋卷产品组合，既有热量标注，又有营养数据。当然，其背后是科技、研发和创新的支持体系。

超能鹿战队提出“七天一周期，越吃越SHOW”的健康减脂口号。关于健康减脂，超能鹿战队做足了功课：一是推出适合国人口味的水性酱汁，二是注重餐品与饮品原料新鲜，三是复合与组合讲究营养均衡。

3. 堂食外带外卖体验

堂食外带外卖，讲述“新式餐饮、规模经济、世界餐饮”三个关键词。

超能鹿战队是一家集堂食、外卖、外带、团餐服务为一体的综合性新式餐饮模式。以外卖平台（美团、饿了么）为主要销售通路，即“平台做、闪送做、自己做”（大客户）三位一体，覆盖 3 千米销售范围。

超能鹿战队全国门店每日触达用户总和达到 12 万人次，每年有 3600 万人次通过线上外卖平台在超能鹿战队门店下单享受健康饮食。线上与线下、堂食与外送、缘故与复购构成超能鹿战队顾客流量池。

超能鹿战队的企业使命是“拯救肥胖及亚健康人群”，企业愿景是“让全球 70 亿人吃上中国健身餐，助力 1 万家轻食健康餐门店创业成功”。民族的、中国的、世界的健康餐，是对大健康的宽频理解。

4. 产品研发智力赋能

产品研发智能，讲述“研发定制、菜式好吃、营养均衡”三个关键词。

①超能鹿战队用研发定制说话。用研发打透营养师、配餐师、料理师之间的隔阂，提供定制饮食解决方案。无论是对健身打比赛精英，还是对减脂塑形人群，或是对“五高”特殊人群，定制饮食解决方案才是初心。

②超能鹿战队用舌尖味道说话。冷食、温食、热食，无论哪种菜式，都要讲好吃与营养的高度统一。冷食靠入口对味道的体验，温食靠品相与味道吸引人，热食靠嗅觉与味觉感动人。当然好吃是硬道理。

③超能鹿战队用营养均衡说话。健康饮食实现蛋白质、碳水、脂肪、维生素、矿物质、水和膳食纤维定量与均衡。健康饮食讲究七大营养元素的均衡，除宗教、地域、传承外，营养均衡排第一位。

5. 安全营养健康晋级

安全营养健康，讲述“食安底线、营养中间、健康上线”三个关键词。

①超能鹿战队食品讲究安全。食材选择、餐料选择、加工工艺、包装材质、出品时间等都有严格的操作流程与指标数据。食品安全是市前、市中、市后全时段管理，加工、出品、呈现实施全过程食安控制。

②超能鹿战队食品讲究营养。轻餐轻食、原汁原味、简单烹饪、讲究原始、注重纯粹是食品营养保持的基础与前提。食量控制、食材优选、餐料精选、烹饪简化和营养保持诠释了讲究营养的真正含义。

③超能鹿战队食品讲究健康。健身、运动、消耗，分量、营养、标注，复合、均衡、数据，健康是食量与消耗的高度统一。低脂、低卡、低糖饮食与偏碱性体质的国人运动健身、职场打拼、休闲静养是标配。

6. 物流健康追溯管理

物流追溯管理，讲述“营养食谱、健康食材、闭环管理”三个关键词。

①超能鹿战队营养食谱设计，以不同服务客群为标的，聘请国际健身营养专家编写营养食谱，确保健康饮食与适量运动之间的配比。健身比赛食谱设计、普通健身食谱设计、一般活动食谱设计，都要个性定制。

②超能鹿战队健康食材设计，通过 5 年的供应链环节打造，有专门的与专业的物流部门负责产销、配销、销售食材管控。健康饮食是营养食谱、健康食材、采购仓储、门店销售之间无缝链接的物流管理。

③超能鹿战队全程闭环管理，即从食材选购、口味确定、工厂生产、门店销售、顾客反馈到市场满意有全程闭环管理。超能鹿战队谙熟美食与爱情不可辜负的道理，用爱心制造美食，实施全程闭环管理。

结语

“道阻且长，行则将至。行而不辍，未来可期。”餐饮企业经营唯有提供超值服务，才能锁定点击率、复购率、利润率指标。当然，要遵循连锁经营、跨区发展、强化管控、研发制胜、体验为王的发展逻辑。

七　新贝乐的健康饮食

新贝乐（Newbere）意式餐厅是上海新贝乐企业管理有限公司（以下简称新贝乐）2001 年在上海成立的连锁餐饮企业。目前，在华东地区有近 20 家连锁餐厅。新贝乐倡导地中海健康餐饮模式，传播意大利饮食文化。

1. 地中海式饮食理念

地中海饮食以自然的营养物质为基础，强调海鲜、蔬菜、水果、豆类、谷物和坚果等食材的组合运用，烹饪以植物油代替动物油，这种健康、简约、清淡并富含营养的饮食模式是风靡世界的健康饮食方式之一。

意大利餐是地中海式饮食的典型代表。新贝乐秉承“提供健康、性价比高的意大利美食”理念，以健康食材、健康物流、营养餐单、健康烹饪作为营养餐饮的焦点，打造餐饮行业全新的营养健康意式餐厅。

新贝乐在创建运行营养健康意式餐饮的同时，还在各个连锁门店设置海外产品直供端口，以陈列橱窗的形式展示与销售进口意大利食材，在传播意大利饮食文化的基础上，让中国人体验到意大利健康美食。

2. 食材选型产品组合

地中海饮食方式的特点是健康、清淡，营养丰富。围绕着这一特点，新贝乐充分发挥自身在食材选型与产品组合上的优势，选用诸如杜伦小麦、帕玛森芝士、特级初榨橄榄油、地中海番茄等食材。

新贝乐以传统烹饪方式突出地中海饮食特点，为顾客提供意面、比萨、牛排、甜品、小食等系列产品。例如，意大利面以“优质牛肉 + 地中海长形番茄熬制肉酱”，以“清香橄榄油口味 + 帕玛森车轮芝士”彰显优势。

意面、比萨、牛排等系列产品组合，为顾客带来了产品选择上的便利，在“健康产品、营养丰富”理念的引导下，新贝乐推出多系列、多重组、多变化的产品组合，旨在表现“任意选择都是精品”的产品主张。

3. 服务优化立体感受

新贝乐将“发自内心为顾客好、不张扬的殷勤、娴熟的专业技能”的服务理念融入日常的服务细节中，每一件产品的呈现、每一句话术的表现、每一个动作的展现，都给顾客带来了良好的服务体验、留下了深刻的记忆。

新贝乐将服务聚焦为顾客呈现产品的服务过程，如意面上桌时，服务员一边讲解意面营养元素，一边用娴熟的拌面手法做产品表演，营养知识加上出神入化、赏心悦目的产品表演现场服务，将良好的服务体验植入顾客内心。

“服务话术 + 环境语言 + 产品诉求”，新贝乐打造立体的就餐氛围，比萨饼炉的现场演示 + 牛排扒餐的即时表现 + 专属定制的饮品展演，旨在从生理、感官和心理上满足顾客对地中海式饮食的需求，使服务具象化。

4. 轻餐赛道研发创新

轻食餐是当下流行的健康餐饮，既能有效控制人体摄入过多的卡路里，又能保证人体日常营养需求，达到健康、养生、营养之目的。地中海式饮食方式在食材选择、制作工艺、营养丰富等方面与轻食餐相契合。

新贝乐推崇地中海式饮食方式的轻食餐，聚焦健康食材，低糖、低盐、低油、低脂、低量、高能诉求，既为大众出品普式型营养餐饮，又为专属顾客定制减脂、增肌等功能餐饮，新贝乐将营养餐做得风生水起。

“意面 + 比萨 + 牛排 + 热菜 + 西点 + 饮品……”，新贝乐的产品品相精彩纷呈，好食材、好烹饪、好工艺、好情境，做到极致，研发转化持续为产品组合赋能，加上服务创新、环境创新，新贝乐一直在创新的路上砥砺前行。

5. 安全营养健康升级

食品安全是新贝乐一切工作的中心点，食材选购、加工制作、器皿包装、出品呈现、服务过程等，以岗位锁定全流程、全细节，有记录、有检查、有评价，旨在将食品安全做到位，并将这一理念传递给顾客。

新贝乐将地中海饮食模式与中国人的饮食习惯结合起来，生成独具特色的创新型营养餐饮。围绕营养餐饮诉求，进行产品模式的营养导入、服务模式的个性推介、环境模式的综合匹配，新贝乐的营养餐饮持续升级。

新贝乐将健康餐饮持续升级，从模式到门店再到餐单、从产品到服务再到环境、从堂食到外带再到外卖、从器皿到包装再到餐具等，新贝乐餐饮持续输入营养元素与健康理念，成功进入休闲简餐 50 强。

6. 物流健康追溯管理

营养的产品离不开健康的物流，新贝乐于2009年在上海建立了食品加工配送中心，并严格按照政府相关部门的专业要求配备完善的管理制度与溯源系统，确保食材在整个物流过程中符合国家食品安全要求。

新贝乐的追溯管理包括三项内容：一是接受政府相关部门的监管与溯源；二是企业内部的品质溯源，涵盖采购、仓储、加工、配送和出品全过程；三是对委托外包的单位进行督导与溯源，确保食品安全。

健康的采购、仓储、加工、配送是健康物流的保证，而健康物流是营养餐饮的保证。产销端、配销端、销售端的打透与链接，将健康物流与营养餐单进行对接与转化，新贝乐始终秉承为顾客提供健康饮食的理念。

结语

中西合璧、尊重食材本味、提供中国人喜爱的地中海式餐饮，这是新贝乐始终坚守的初心。不断充实健康餐饮深度内涵，把握健康餐饮时代脉搏，不忘初心，砥砺前行。新贝乐，地中海式健康饮食在路上！

八　伊秀寿司健康饮食

上海伊秀餐饮管理股份有限公司成立于2009年，是一家集自助、零点就餐模式为一体的日式料理餐饮企业。在上海地区拥有10多家直营门店，“伊秀寿司”品牌受到广大顾客的喜爱。

1. 健康寿司理念铸魂

伊人独享，秀色可餐。上海伊秀餐饮管理股份有限公司（以下简称伊秀寿司）以手握寿司为主打，兼具多元的日式料理，将新鲜食材、工艺技法、匠心品质完美结合，立志打造中式寿司第一品牌。2016 年年初，伊秀寿司在新三板挂牌上市，公司规模稳步扩大。

伊秀寿司坚持“品质就是品牌，品质决定成败”的经营理念，铸就“为顾客提供极致饮食”的企业灵魂。伊秀寿司将日式料理产品精髓融入日式的人性化服务与环境，旨在打造爱与美食不可辜负的就餐场景。

伊秀寿司追求日式料理轻正餐的精髓，着力打造新中式轻正餐，实现了健康食材、烹饪技法、加工器具、营养匹配、适度服务和环境塑造的融合与贯通，将营养、健康、美味三者合一，旨在向健康餐饮不断跃迁。

2. 产品研发食谱转化

伊秀寿司坚守“一个中心、两个聚焦、三个关注”的产品创新理念，“一个中心”即以产品研发为中心，“两个聚焦”即聚焦营养食谱与健康食材，“三个关注”即关注日本餐饮市场、中国日料企业的竞争市场和中国餐饮消费迭代市场。

日式料理以调味激发出食材本味，伊秀寿司深得日料传统烹饪之精髓，运用日料工艺将营养食谱转化为健康产品，用日式料理烹饪出国人爱吃的美食，随季节变化推出应季产品，诉求单品极致、量少而精。

伊秀寿司主打手握寿司，出神入化的手法技艺、对食物新鲜度的极致追求、对每个搭配细节的极尽苛求，手握寿司早已超越“食”，提升为“艺”，是一种萦绕指尖的艺术。手中万千柔，尽在指尖，风情万种。

3. 适度服务体验设计

伊秀寿司定义了中式的、日式的轻正餐服务模式，通过食谱设计、工艺文件、服务话术、礼节礼仪、营销语言和环境语境等服务场景，植入健康饮食理念，并在服务意识、服务训练、服务实践中予以表达与体现。

伊秀寿司在做好正餐式服务的基础上，针对轻简、适度的服务要求，持续优化与创新服务模式，避免过度打扰顾客，为顾客创造适度、适宜和舒适的服务环境，在服务中潜移默化地传递人性服务的理念诉求。

针对不同的就餐区域，伊秀寿司在服务模式上做了不同的区域分割设计。拉带区以适度服务为主，零点区以正餐服务为主，并通过尝试、创新“自助＋零点”的服务模式，为顾客提供人性化的服务体验。

4. 环境体验智力赋能

伊秀寿司注重就餐环境与产品、服务的适配指数，着力外环境适度布局、内环境装修装饰以及内外环境相互呼应，打造“一丝禅意”日料场景，构建“应景应时”就餐环境，为顾客带来超出预期的环境享受。

伊秀寿司的环境设计与维护保养，精益求精，合乎人性，从木艺家私到绿植花卉再到景观符号、从温度湿度到灯光照度再到音乐声度、从随时清洁到每日清洁再到定期清洁均以构建舒适、健康的就餐环境为主旨。

数字化的智力赋能是伊秀寿司的着眼点，食材储存温度控制、制作过程温度控制、出品温度控制、拉带产品展示、开市环境控制、闭市环境控制以及季节环境调控等，让数据化、智能化、指标化管理为企业提效增值。

5. 安全营养健康晋级

食品安全是餐饮企业的根基，食品安全意识已经根植于伊秀寿司全员意识与工作行为之中，以食材、仓储、加工、配送、制作、出品、包装、服务和环境等全流程、全细节的实践与管控，聚焦食品安全。

伊秀寿司始终坚持全面、均衡、营养的健康主张，食材来源讲究绿色生态，制作过程不过度烹饪以保持食材本味，产品呈现围绕营养复合、器皿包装、服务话术和环境配合，以践行综合性、全面性营养诉求。

伊秀寿司健康饮食持续升级，模式、产品、服务、环境不断创新与升级，始终聚焦健康饮食。新门店是对旧门店的升华与超越，创新产品是对原有产品的重塑或替代，适度服务是对过度服务的升级与迭代。

6. 健康食材物流设计

健康食材是伊秀寿司把握健康饮食的源头，使用产业源头绿色食材，注重深海产品、日本牛肉选材、绿色蔬菜选择、调料味料选型等，紧紧围绕绿色、生态的健康食材，以保障源头阶段健康饮食的品质。

源头健康食材需要与健康物流对接，以延续、传续健康饮食基因。伊秀寿司的配送中心不但对接产业源头，而且物流功能（采购、仓储、加工、配送）对接连锁门店，使健康饮食得以保持与传递、集合与发扬。

伊秀寿司物流体系为健康饮食保驾护航，物流岗位的作业细节、全岗位的 SOC 检查、卫生清洁责任等，旨在扎紧食品安全护栏、夯实各项营养细节、强化健康饮食实践，助力伊秀寿司健康饮食务实发展。

结语

依托自身品牌优势、产品优势和管理优势，伊秀寿司以独有的产品特色与服务特色，深受注重健康饮食的人们的青睐与偏爱，目前已成为上海发展得最快的日料跨区域连锁企业。伊秀寿司健康饮食砥砺前行。

九　九阳豆浆精选案例

九阳豆浆是上得了天堂、下得了厨房的顶流企业！在健康中国战略布局的背景下，九阳豆浆选对了赛道，成就了惊人伟业。从大豆基因到健康国饮，从豆浆醇厚到豆花飘香，立足于植物基，创造了商业奇迹。

1. 九阳豆业企业简述

1994 年，王旭宁先生发明了全球第一台电机上置式豆浆机，倡导“一杯鲜豆浆，天天保健康”的理念，弘扬国粹豆浆文化，缔造了豆浆机行业，九阳豆浆机风靡华夏。豆浆饮食文化已有千百年的历史传承，对王旭宁来说，九阳要做的不只是简单的一台豆浆机，而是要创立中国人的生活标志，要让豆浆走进每个家庭，人人以之为日常生活的一部分，就像西方国家人们每天喝咖啡一样。2005 年，源于王旭宁先生“豆浆健康世界”的情怀，成立杭州九阳豆业有限公司（以下简称九阳豆业），商标为“九阳豆浆”。

九阳豆业推出九阳商用豆浆机，专注于提供商用豆浆的解决方案，助力社会餐饮。目前九阳豆业拥有 400 多家合作伙伴，服务网络覆盖全国 300 个大中城市，并联合 300 多家知名餐饮连锁企业、10 万多家餐饮终端一起，每天为顾客提供一杯好豆浆。针对潮流时尚消费推出行走的“植物蛋白”解决方案，磨豆匠系列预包装产品，实现了豆浆装得进口袋、随时随地喝豆浆的美好愿望。目前，九阳豆浆得到数百万粉丝的支持，越来越多的消费者认准了这个豆浆领导品牌。

2. 九阳豆浆产品组合

①九阳豆浆系列。采用“好机 + 好料 = 好豆浆”的产品模式，打造高品质的健康选择：1 台机器搞定 20 余种口味饮品；21 秒瞬时出浆，提升出餐效率；省时省力抓住饮品新趋势。适用于早餐、快餐、正餐、外卖、自助餐和团餐等，尤其适用于大型餐饮连锁企业。

②磨豆匠系列。针对新锐一代时尚、便捷、年轻化的消费需求，九阳豆业推出了豆浆预包装系列产品，丰富渠道饮品结构。产品采用瞬时灭菌技术长效锁新，无菌冷灌即饮甘爽自然，匠心复刻工艺赋予豆浆更多的可能，能够满足不同场景的随时体验，随时随地享受“植物蛋白力”的营养升级。

③九阳商用豆浆机。机器采用轴流研磨、文火熬煮等专利技术实现每一杯豆浆都是原磨细熬，同时机器智能控温，全自动一键制浆，超大容量满足多场景需求，可制作原味豆浆、花色豆浆、五谷米糊、豆花豆腐等，适用于

酒店餐饮、企事业机关食堂、早快餐豆浆店等，是健康饮食的标配。

3. 九阳豆浆量身定制

九阳豆业能解决餐饮餐厅最棘手的饮品出餐、效率、风尚、趋势等问题，也能为不同渠道人群做新品研发和定制，找准体验关键触点，引流品牌增长。九阳豆浆目前已联合老娘舅、庆丰包子铺、早阳、三津汤包等近 100 家品牌共同研发适配渠道的佐餐饮品，九阳豆浆产品库共计 300 余种饮品口味，让餐饮品牌随时把脉消费风向，为顾客适时提供好饮品解决方案。

4. 九阳豆浆研发实力

20 余年的坚持与努力、15 次重大技术创新、500 多款豆浆机的匠心呈现，在科技创新方面，九阳豆业靠着自己的拼搏，收获了 4000 多项专利。九阳豆业首创“器食结合”的健康饮食完整方案，为广大消费者送去了健康和营养。九阳豆浆为智能、快捷、健康的中国餐饮未来而创新，为国人的健康饮食和膳食营养而努力。在产品的精品打造上，为配合新一轮消费升级，九阳豆浆适时推出了一系列高端化、智能化、高品质的产品，提升了自身品牌价值。

此外，九阳豆浆研制了具有自主知识产权的全新一代互联网和物联网技术共同支持的智能无人售卖豆浆机，两网结合实现了信息远程推送和反馈。九阳的创新可谓重新定义了豆浆机的新标准。从消费者下单到豆浆制作完成，只需一个二维码，即刻制浆，真正做到了无人值守、零人员投入，完全解放了人力，实现了全天候全网监控。

5. 九阳豆浆供应链条

好豆浆要从源头做好把控。为了实现原料质量可控，九阳豆业在东北拥有自己的非转基因优质大豆种植基地，并花两年的时间，建设了一个机械化程度高、原料管理系统先进的现代化大豆深加工基地，从硬件上实现原料质量可控。要做一杯醇正的好豆浆需要黄金黑土地、优良大豆品种、现代化设备、一体化的生产和管理体系，这些九阳豆浆恰好都拥有。

6. 九阳豆浆追溯管理

物联网加持，九阳豆业率先取得行业突破。九阳豆业作为豆浆机发明者和行业的领导品牌，在商用豆浆行业，早在2012年就富有远见地推出了搭载物联网技术的九阳豆浆精磨坊系列产品，以万物互联来实现机器远程控制、设备定位、运行管理、原料溯源和数据分析等操作，让使用机器的餐饮终端经营更智能、更便捷。如今，九阳豆业已经构建了一个涵盖网络、平台和应用的IOT生态系统，服务网络覆盖全国300多个大中城市，终端15万多家，成为好豆浆解决方案的专家。

结语

宗旨的聚焦，构成使命；目标的集合，构成目的；价值观经营，回报价值。九阳豆浆诠释了顶层设计、转化执行、底层逻辑经典案例。九阳豆业用行动打透了餐饮业产销、配销、销售隔阂，用创新收获了业绩。

十　澄明食品科技赋能

澄明食品是以科技为主旨，研发为导向，创新为使命，将食材基地打透，在配销环节发力，使销售终端落地的供应链企业集团。联合创始人赵跃平先生从6个维度诠释了科技企业现象级供应链教科书案例。

1. 澄明食品企业简介

澄明食品企业简介讲述“复合调味、数智工厂、销售通路”关键词。

澄明食品是一家以番茄汤料、番茄复合调味料为特色的创新型调味料企业。澄明食品鹿邑工厂占地 130 亩，投资 2 亿多元，于 2020 年 10 月建成并投产使用。工厂启用全自动数据智能化生产线，年产番茄复合调味料 10 万吨。

澄明食品于新疆布局专属的番茄种植生产基地，在生产上，澄明食品依托超级智能工厂，导入数字智能技术，通过数字平台驱动，开启 C2F、B2F 智能化、个性化、定制化的生产、加工、配送体系。

澄明食品七个番茄一锅汤、重庆老炮、仙味传奇等复合调味汤料已入驻永辉超市、盒马鲜生、红旗超市、丹尼斯超市、胖东来超市和锅圈食汇等全国上万家超市系统，并为数千家火锅企业提供个性化 B2F 定制服务。

2. 核心专长精准分析

澄明食品核心专长讲述“番茄品类、科技导向、巴氏杀菌”关键词。

澄明食品专业、专一、专注深耕番茄复合调味料领域。其主打爆品七个番茄一锅汤经过上千次调试与试样，以首创的 7° 酸甜的差异化概念，从同质化竞争中脱颖而出，更是覆盖番茄美味赛道领域。

澄明食品是科技导向公司，在河南鹿邑建设了 2000 平方米的国家级研发中心，并与四川大学食品研究院、联合利华等知名食品研发机构达成战略合作，建立了四川产品研发中心。2021 年与西华大学食品与生物工程学院达成深度数字化研发合作，不断创研新味型，引领消费趋势。

澄明食品投资 2 亿元人民币建造了全自动数据智能化工厂，在食品安全生产工艺上，独创冷加工工艺和巴氏杀菌工艺，能最大限度地保留番茄的营养成分。当然，其独特的生产工艺已申请发明专利。

3. 产品组合优势分析

澄明食品产品组合讲述“七个番茄、三大系列、持续创新”关键词。

澄明食品共打造了三个产品系列：澄明七个番茄系列、大酱出川系列、澄明要得系列。其中，澄明七个番茄系列深度聚焦番茄复合调味料细分赛道，以番茄为基因创新产品矩阵，主要包含“七个番茄一锅汤”番茄火锅汤料、番茄面（米线）汤料、番茄牛腩汤料、番茄鱼汤料、番茄沙司、番茄饮品等番茄系列产品。

大酱出川系列主要聚焦饮食酱料新风味的延展，澄明要得系列主要包括火锅底料、烧什么都香的烧菜香系列、各种快手菜的 B 包系列等产品。

澄明食品依靠强大的研发能力，在锁定健康基因、食材基因、美味基因的基础上，持续精进、研发、创新，满足多样化的市场需求，快速占领市场，产品覆盖火锅底料、复合调味料、佐餐酱料领域。

4. 服务真诚售后持续

澄明食品服务真诚讲述“全程服务、跟踪服务、定制服务”关键词。

澄明食品在全国已经设置了 12 个办事处，每个办事处均配备了营销人员，营销人员能为餐饮客户提供一对一的客服服务，解决售前、售中、售后问题，并提供相关的营销咨询服务，旨在构建与打造市场核心竞争力。

澄明食品依靠专业研发团队与营销团队，为餐饮企业客户提供从产品研发到专业定制、从产品应用到营销推广的一站式、一体化、全流程的售后跟踪服务，旨在匹配与满足不同餐饮企业客户多元化与个性化的需求。

澄明食品能够针对不同餐饮企业需求提供 B2F 定制服务。专业研发团队在项目诊断的基础上，帮助餐饮企业调整锅底浓度、颜色、味型，推动产品横向与纵向升级，实现定制化、差异化、个性化产品组合。

5. 生态环境认证体系

澄明食品认证体系讲述“原料认证、厂商资质、验收认证”关键词。

澄明食品为打造高品质的番茄锅底，在操作层面精选优质番茄原料，筛选优质供应厂商，拟订严格的验收标准、设计原料抽样检查，规定责任追踪体系、建立智能品质保障体系，旨在实现从源头把牢生态的理念。

澄明食品在资质管控方面做到：与供应厂商共建食品安全管理体系，从品种选择到追踪种植再到育果选果，全程参与；确保原料稳定与安全，每批原料都对原料甜度、水分、黏稠度、番茄红素指标与数据进行检测。

澄明食品原料到货，由品质管理部门按原料标准与验收制度抽验，验收合格后方可入库。每批原料均采集完整信息、打上身份证明、监控数据流向，最终实现时时、时段、时点追踪与反馈，把控原料的安全与健康。

6. 安全健康追溯管理

澄明食品安全健康讲述“原料管控、生产管控、全程管控”关键词。

澄明食品秉承“用好料做极致味道”的价值观念。为了从源头确保原料的天然与安全，澄明食品将新疆屯河作为原生食材直采直供的源头基地。所有原料必须经过数十项指标检测，全部达标后方能投入生产。

在生产方面，澄明食品鹿邑工厂从产品工艺、作业指导、过程管控、产品追溯全流程进行质量安全管控，并先后导入ISO质量管理体系、ISO 22000食品安全管理体系、HACCP危害分析与关键控制点体系。

在产品检测方面，澄明食品通过建立化验室检验系统与第三方动态检测双核运作来实现，旨在构建从原料采购与生产加工到产品检测与物流运输，再到顾客餐桌的安全管理体系。

结语

澄明食品是“优质番茄+研发创新+全程管控”的科技导向企业，澄明食品是品类组合、品种极致、复合调味的美味工厂，澄明食品是线上线下、到货到店、覆盖中国、走向世界的健康美食。好味道，澄明造！

十一　六位仙做健康指引

分析六位仙发展的心路历程，不难发现，这是一家科技导向型公司、一家智力赋能型公司、一家研发制胜型公司、一家定义中餐标准化公司。以上描述虽客观但不全面，因为六位仙也是一家健康饮食公司。

1. 六位仙企业简述

①六位仙的定性。六位仙是以“推广中餐标准化”为目标、以“量化健康食堂酱汁营养标注”为追求、以“科技导向赋能营养餐单”为使命，集调味品加工、食品科技、智能味道大数据平台（库）为一体的企业集团。

②六位仙的取意。六位仙的出处：五味调和六味是鲜（仙）。六位仙的寓意：中餐好味道，您找六位仙。六位仙的使命：提供中餐标准化运作解决方案。六位仙的取名，是对中国烹饪文化与调味艺术的最高敬意。

③六位仙的价值观。以科技为导向、以智控为方法、以标准为准绳，打透食品工业量化与烹饪工艺技艺围墙，为餐饮企业提供普适型与定制型的安全、营养、健康酱汁酱料，为老年餐的丰盈、家庭餐的便利提供福祉。

2. 六位仙的科技布局

①中餐菜肴研发平台。六位仙与中国大锅菜烹饪大师联盟（其成员为国宝级烹饪大师）合作，完成中餐标准化解决方案与关键营养指标研发，既重新定义了大锅菜，又精准解释了宴会菜，还客观描述了工艺菜。

②中国老年营养餐单。这是六位仙与中国大锅菜烹饪大师联盟共同打造的营养健康食谱，以标准化、定量化、数据化的工艺文件，为每道菜肴的营养标注提供了前提，奠定了基础，为老龄化社会与老龄膳食带来了福祉。

③智能味道数据平台。六位仙挖掘中餐传统文化精华，把握安全、营养、健康之间的转化链，运用科技持续创新，生成“营养＋美味”的中餐复合调味料，通过档口、自助、社区食堂呈现，为万户千家带来福音。

3. 六位仙的量身定制

①六位仙的产品设计，既可以为团餐提供菜肴标准运作方案，又可以为社餐特殊需求量身定制产品。六位仙的产品设计打透了营养与美味难兼容的隔阂，在人口红利不在与人工成本上升的今天，为持续出品与稳定出品保驾护航。

②六位仙的普适产品，是在市场调研与市场细分的基础上，用标准化统一工艺、流程、技法，设计出“SOP 流程＋调理包”的操作模式。深受企

业、部队、学校、医院、机关等健康食堂青睐与追捧以及业界好评。

③六位仙的个性定制，是在掌握定制单位特殊需求的基础上，将正餐工艺分解所实现的标准化与批量化定制。定制产品既有定制单位私密性与特殊性，又有定制单位专属性与专供性，还具有批量化与能分割的优点。

4. 六位仙的创新实力

①六位仙的创新主旨。努力成为营养与健康中餐标准化“一站式”服务商。六位仙的研发与创新，是吃透了食品工业标准、效率与烹饪工业味道、技艺的内核与硬核，用理性做事诠释了营养与好吃二合一的命题。

②六位仙的创新实力。主要体现在三个方面：一是针对团餐市场提供口味标准化的服务，二是针对连锁经营提供定制化的产品研发、口味升级、外包加工，三是针对大众市场推出家庭装调味料包、半成品、产成品菜肴。

③六位仙的餐单设计。通过工艺文件、营养标注、智力赋能，六位仙将传统餐单升级转化为以研发创新为背景的营养餐单，并运用工作单元、岗位设计、训练操作、SOP 流程和料理料包，实现餐单落地。

5. 六位仙的供应链条

①六位仙的采购管理。产地化、品牌化、可评价是六位仙采购体系日常作业所坚守的原则。产地化的战略采购、品牌化的常态采购、可评价的资质管理，确保六位仙绿色供应链运营设计在正确轨道上前行。

②六位仙的厂商关系。为保证底汤与味料质量稳定，六位仙用批量及季节采购与品牌企业建立业务关系，如批量定制大牌企业禽类加工毛汤，为浓缩提鲜夯实基础；与辣椒产地建立稳定联系，批量采购与提纯辣度。

③六位仙的仓储管理。六位仙依托第三方物流，将产地仓储与越库作业、长途运输与专属配送，外包给专业供应厂商与分销公司承担，将自身精力放在主营业务上，为餐饮企业提供选择、放大、实现预期的价值平台。

6. 六位仙的追溯管理

①六位仙食品安全追溯管理。通过智力赋能，使每件产品都有规范化、

专属化的追溯标识，既方便政府部门、专业机构、客户群体的追溯监控，又能够第一时间、快速准确地分清责任。智力提升管理效率。

②六位仙供应链条追溯管理。通过智力赋能把握产销环节、配销环节和销售环节供应厂商追溯管理，植入对配销、分销、销售无缝链接的精益管理，用时间表、责任人、路线图和月度评价实施闭环管理。

③六位仙公共事务监测管理。政府部门与相关机构每个月都会对六位仙进行常态化的产品鉴定、工艺检验和食安检测。合格满意、整改建议、检测签字，诠释了六位仙用良心品质打造民生工程的坚守与恪守。

结语

20 多年的历练，塑造了六位仙“为消费者智造美味，为经营者创造价值”的经营理念。您有中餐标准化推广问题，六位仙有问题解决方案。营养、好吃、健康饮食找六位仙就够了。六位仙期待与您携手同行。

十二　客易捷的数智团餐
——客易捷助力团餐数智化升级

天津联信电子科技有限公司（“客易捷”为企业品牌）是天津市政府认定的科技创新企业。客易捷通过智力赋能，旨在为团餐企业提供务实可行的数字化整体解决方案，以助力团餐企业打造智慧食堂、升级健康食堂。

1. 客易捷企业简述

客易捷聚焦团餐数字化整体解决方案的研发与应用，推出芯片结算台、AI 结算台、自助称重、智能 POS 及团餐供应链解决方案，并将 OA、ERP、POS 三大智能技术打透、贯通、链接。客易捷已服务数千家团餐企业。

客易捷助力团餐企业打造专属智能化、数字化管理平台，不断自主研发、上线应用团餐行业智能硬件、软件数字化产品，涉及供应链管理、线上交易、快速结算、营养分析、精益管控、食品安全和经营分析等。

客易捷作为团餐企业数字化管理的领导品牌，十多年来一直专注于团餐数字化整体解决方案研发，针对团餐管理痛点，打造整体化解决方案；既为客户提供智能工具，又辅助团餐企业管理应用落地，受到客户好评。

2. 团餐数字化整体解决方案

智能化与数字化管理是客易捷的专长与优势，围绕营养健康服务宗旨，导入智能采购、食安检测、营养配餐、营养食谱和营养分析等智能工具与手段，运用信息化打透上游产业链、中游供应链及下游销售链。

客易捷鼎力支持团餐企业数字化升级、智能化建设，根据用户营运现实，植入智能 POS 系统、智能芯片结算系统、智能 AI 系统、大数据分析等数字化智能场景，打造用户专属智慧食堂、健康食堂数字化运用。

客易捷有自己的专业运行保障团队，想到用户前面、做到用户前面。设计了危机应对预案，以有效应对各种问题的发生。客易捷品牌携手全国几百家渠道伙伴为用户提供本地化、专业化、及时化、全程化的贴心服务。

3. 专业的量身定制，满足个性化需求

①理想型的解决方案是为用户量身定制的全案设计。所谓理想型是指包括产销端、配销端、销售端的全链条式数字化管理模式，涉及农残检测、供应链管理、AI 技术监测厨房、食品留样检测、智慧收银等诸多内容。

②标准型的解决方案是为用户量身定制的基础方案。客易捷根据用户的发展阶段、资源配置及个性需要，专门设计与之相匹配的数字化管理模式，

通过标准型的 AI 项目导入，为团餐企业数字化管理提供解决方案。

③经济型的解决方案是为用户量身定制的基本方案。客易捷在充分调研用户实际情况的前提下，针对用户的现实状况与资源状态，设计基本的数据化管理方案，既解决当下实际问题，又为下一步升级预留接口。

4. 以客户为本的创新实力

持续创新是客易捷不断成长的根基，为应对团餐市场的新需求和新变化，客易捷持续研发、完善并创新数字化管理整体解决方案，得到了业内普遍认可和社会广泛关注，获得了多项软件著作权与相关产品专利。

以用户的现实需求为创新原点，以用户的发展态势为创新驱动，客易捷将用户的“即时需要＋发展需求”作为自己持续创新的原动力，以自身强大的技术力量为用户做支持，保障用户使用客易捷产品的安全高效。

客易捷有高效的创新研发团队，随时对接用户的运行状态与运转动态，关注用户实际运行过程中的任何状态，对接用户运行过程中的所有信息，通过强大、高效的创新机制，为用户数据化管理全程保驾护航。

5. 强大的团餐数字化管控能力

①客易捷的数字化管理以流程管理作为切入点。通过对团餐企业日常运行流程的梳理，在导入智能化、数字化的基础上，将团餐企业运营流程分解成业务流程、物流流程、行政流程，并以节点管理控制流程。

②客易捷的数字化管理以节点管理为着眼点。在导入流程管理的同时，整理、厘定、分析流程中的各个节点，运用细则管理方法与工具，通过对节点的管理与控制实现对流程的整体管控、规范管控和细节管控。

③客易捷的数字化管理以细则管理为着力点。通过导入标准化与规范化的管理制度、管理手册、作业手册，将管理细则与作业细则根植于节点管理、流程管理的实务运行中，使团餐企业数据化管理真正落地。

6. 不断创新，服务无止境

①定制服务是客易捷服务体系的基础。所谓定制是针对用户个性需求与

特殊需求，客易捷设计具有针对性的服务方案，对接用户实际需要，解决实际问题。每个定制服务都是个性化的，这凸显出客易捷的专业实力。

②递延服务是客易捷服务体系的专业。递延服务突破了传统服务的界限，在定制服务的基础上，客易捷把对用户的服务进行延续、延伸和延展，增大用户的服务体验与服务价值，强调用户服务价值最大化与可实现。

③升级服务是客易捷服务体系的优势。客易捷对用户的服务不会停止，而是不断进行服务优化、服务再造、服务升级。客易捷升级服务有两个方面的内容：一是自身服务体系的持续升级，二是针对用户的服务不断升级。

结语

客易捷要做最好的团餐数智化品牌，为团餐企业提供数字化整体解决方案与个性化服务，借助新技术为用户传递价值，赋予其能量、提升其体验，助力用户持续成长。客易捷践行“赋能团餐企业，幸福食客每一餐”的使命。

十三　纯蜜坊的健康饮品

纯蜜坊作为饮品生产供应商，用穿透，打透产销、配销、销售三大环节；用嗅觉，嗅到国际、国内、自身市场机遇；用研发，串起研发、定制、转化三大链条。纯蜜坊的经营管理难复制，其经营理念可借鉴。

1. 纯蜜坊企业简介

纯蜜坊始创于2007年，是集研发、生产、销售于一体的饮品原料生产供应商。产品有糖浆蜜露、果汁浓浆、水果花酱、浓缩茶浆四大系列，50多个风味品种。公司以研发为导向，谙熟研发——应用——转化技术。

纯蜜坊在大自然中选取纯正水果、鲜花、花蜜，既是对自然与生态的敬畏，又是对追求本质与纯粹的自然哲学观背书。纯蜜坊灵敏把握市场走势与科技创新，为客户提供饮品水单解决方案，是经营型价值观。

纯蜜坊放眼国际饮品风潮与走势，能够准确把握流行背后隐含的科技要因；纯蜜坊放眼国内饮品国潮与国饮走势，能够把时尚与经典完美地结合；纯蜜坊对美味与健康的理解，使四大系列、50多个品种的产品卓尔不群。

2. 纯蜜坊的产品诉求

纯蜜坊的核心产品有糖浆蜜露、果汁浓浆、水果花酱、浓缩茶浆四大系列。纯蜜坊用提醇技术、冷萃技术、熬煮技术、微压破壁、浓缩技术和配比技术等先进的生产工艺与技术，为餐饮企业饮品提供解决方案。

国际饮品有咖啡、茶饮、可可、碳酸和功能饮品五大赛道。纯蜜坊紧盯国际市场，把握咖啡浓缩、茶饮冷萃、可可转化、碳酸混搭和蔬果功能的机遇，通过研发创新将其转化为现实产能，并与国际饮品走势同步。

国内饮品有果茶、奶茶、咖啡、茶饮和甜品饮品五大品类。纯蜜坊放眼国内市场，除把握国内饮品五大品类走势外，重点用科技突破饮品季节性、口味地域性、市场区域性特点，为餐饮企业提供定制化的解决方案。

3. 纯蜜坊的研发创新

①无论茶饮市场、咖啡市场、蔬果市场、餐饮市场怎样迭代，纯蜜坊站在饮品原料生产供应商的角度，做好产品系列，尊重市场变化，根据专长把握机遇，这是创新经营目标设计与产品主义的主张与诉求。

②无论营商环境、市场环境和竞争环境怎样变化，纯蜜坊以创新赢得优势的理念不变。纯蜜坊创新既有对国际饮品潮流蔬果汁的把握，又有对国内

饮品咖啡果茶市场进步的理解，还有对传统饮品用国潮 IP 的开发与撬动。

③无论生态环境、产销环节和配销环节怎样变化，纯蜜坊用初心、匠心、恒心为顾客提供美味与健康饮品的理念不变，才有了工人在作业层面对民生工程、良心品质、健康国人创新理念的追求与一丝不苟落地。

4. 纯蜜坊的专属定制

①私人定制、独家专享。纯蜜坊聚焦餐饮企业饮品营业收入，在果茶、果浆、果蜜赛道，按照不同水果的上市季节，为餐饮企业的个性需求专门定制、生产贴牌、渠道特供专属饮品，为餐饮企业提供特制饮品解决方案。

②专属定制、差异经营。是纯蜜坊为餐饮企业提供量身定制解决方案的前提。纯蜜坊能针对餐饮企业深度需求、发展阶段、综合实力，推出年度、季度、月度创新产品，即果蔬食材复配、咖啡乳品复合、植物蛋白组合。

③突破传统、科技引领。纯蜜坊秉承熬、蒸、煮、炖传统加工技艺，引入微压破壁、冷萃工艺、分子料理创新技术。纯蜜坊专属定制是传统与创新、普式与经典、个性与专享的集合，旨在为餐饮企业饮品经营赋能。

5. 纯蜜坊的健康体系

纯蜜坊拥有食品果蔬饮料及浓浆自动化先进生产设备与产品研发、应用、品控技术管理团队，具备完善的生产与管理资质，以及 HACCP、ISO 22000 食品安全管理体系，精益管理体系旨在保障出品健康。

纯蜜坊食材锁定“非转基因 + 产地定制”，工艺采用冷榨、脱气、脱色、合成全程无菌生产控制，包装使用食品级工艺生产包装，制售全程人员、场地、设备均达到果蔬食品标准级别。全程追溯旨在为每杯健康饮品。

纯蜜坊甄选优级标准是健康饮品出品的保障，健康饮品是健康体系的中心，围绕这个中心，食材严格甄选、配料优中选优，工艺匹配技术、品控管理体系、SOC 岗位检查、品质责任追溯助力健康饮品生成。

6. 纯蜜坊的物流支持

①纯蜜坊的健康物流。纯蜜坊建立了完善的常温与冷冻仓储体系，拥有

稳定合作且高效运行的第三方配送伙伴，构建了完备的全国物流配送网络与24小时客户服务机制，能够全方位、全天候第一时间满足客户需求。

②纯蜜坊的追溯机制。其中包括三项内容：一是接受政府相关部门的监管与溯源；二是企业内部的品质溯源，涵盖采购、仓储、生产、配送及出品全过程；三是对餐饮企业定制产品做督导与溯源，以确保食品安全。

③纯蜜坊的全程有效。从生态食材、健康仓储、高效配送、全程监控、安全物流等环节与细节聚焦健康物流，为健康饮品赋能，实现从田间到餐桌的健康与美味传递。这是因为纯蜜坊谙熟得供应链者得天下的经营秘籍。

结语

健康饮品是未来饮品领域的主流，是餐饮企业获利的发力点。纯蜜坊以敬畏自然、科技导入、把握趋势、研发制胜、安全营养和精益管理六大神器，为餐饮企业饮品提供解决方案。期待与您携手同行、合作共赢！

十四 百仕达的绿色物流

上海百仕达供应链管理有限公司（以下简称百仕达）成立于 2017 年，是从事餐饮行业与食品行业供应链管理的企业。百仕达用供应链神器在食品与餐饮两个赛道深耕，旨在打造百仕达品牌的命运共同体。

1. 百仕达的健康物流

百仕，即集内部股份制、合伙制为一体的百位志同道合创业者；达，即以共同目标与愿景携手同行、持续前行。百仕达的愿景目标是创造百亿级食品供应链企业，为中国餐饮行业与食品行业发展不懈追求。

作为“央厨共享”第一人，百仕达始终秉承共享经济的经营理念，以订单经济为切入点，以合伙人制、信息联动、资源配置建立生产品类化、产能最大化、产品标准化的共享机制，发挥共享经济的最大能效。

健康食材是企业立命之本与立基之策，在产销、配销、销售全产业链场景中，前端围绕营养食谱，后端聚焦健康食材，形成了百仕达健康饮食理念。百仕达弘扬健康生产理念，践行“提供健康食材”的经营理念。

2. 百仕达的健康组合

百仕达为市场提供酱料味汁、各式丸滑、海鲜加工、净菜食材、定制加工、标准料包和中式糕点等众多绿色产品。标准技术与定制工艺相结合，合作企业品控人员现场监控自身产品的加工标准，旨在实现产品定制化。

百仕达以合作共赢、创造再分享模式，在上海建设多个集地产、厂房、仓储、物业管理为一体的食品产业园区，构建生态链的产业集群，为入驻企业及物流终端客户提供精致、精准、精益的管家服务。

健康配销是百仕达的经营特长，从定制加工到标准包装、从常温配送到冷链物流、从账目往来到交易规则，百仕达以“打开账本做生意”的合作理念，与交易伙伴建立合作机制，共营发展空间、共享盈利。

3. 百仕达规模与产能

百仕达的主营项目日臻成熟，从食材生产加工到中央厨房共享、从产业园区建设到城市物流运行，围绕城市商圈，利用人口、地域、经济、资源优势，聚焦百姓菜篮、餐饮门店、城市物流和国计民生工程。

百仕达是净菜加工、肉类加工、海鲜丸滑、酱汁味汁、食品加工和食品产业园区生产中心的集合，突破了单一项目销售瓶颈，已打造成持续晋级的利润中心。百仕达业务以上海为中心，辐射苏、浙、皖等地。

百仕达与众多餐饮企业成为股东，并为股东企业提供产品加工、物流配送服务。在此基础上，为签约企业与共享企业提供产品定制加工、物流配送作业，助力合作企业连锁经营，与合作企业共命运、共成长。

4. 百仕达的核心业务

百仕达以“配销中心 + 分销中心”为主营模式，通过订单经济打造产销中心。为合作伙伴专属定制产品研发、采购、加工和配送，与共享企业共享央厨、共享配送，为入驻食品产业园区的企业提供精益管家服务。

合伙机制、合作共赢、个性服务、降本增效，这是百仕达的核心专长。以合伙机制集聚竞争优势，以合作共赢构建命运共同体，以个性服务为伙伴定制专属的产品系列，以降本增效作为合作各方的工作驱动。

百仕达为合作伙伴量身定制专属的产品系列、舒适的个性服务、到家的物流配送。所谓专属是合作伙伴独家无二，所谓舒适是合作伙伴舒心舒适，所谓到家是深度对接合作伙伴的终端需求。核心业务如是说。

5. 百仕达的核心能力

百仕达秉持“产品研发先导，生产工艺支持”的核心理念，专属定制的“产品研发 + 生产工艺 SOP+ 酱料酱汁料理包”，使产品研发务实落地，使生产工艺达到标准，旨在为合作企业提供物流、商流、金流、信息流支持。

百仕达拥有完善的标准化体系，从产品研发标准化到产品加工标准化、从生产工艺标准化到出品成品标准化、从工作流程标准化到产品溯源标准化、从工作管理标准化到工作评价标准化等是标准化机制的呈现。

百仕达将医药级别的管理技术、手段、方法运用于自身的日常运行管理实践中，涉及流程、细节、智能、生产、物流、账期、安全、员工和顾客等，中国版数智化精益管理务实落地，旨在夯实企业持续精进的根基。

6. 百仕达供应链拼图

百仕达站在历史发展端口，以集团战略构想未来，从地产、物业、管理到产销、配销、销售，从“省域基地＋产业园区＋城市物流”到餐饮零售，都已进入百仕达战略规划中。产业链、供应链、价值链格局自此形成。

从净菜加工开始入市，种植基地、肉类加工、央厨共享、委托生产、配送服务、产业园区、城市物流和百姓菜篮等均围绕供应链条，聚焦竞争优势，配置核心资源，秉持合作共赢理念，百仕达一步一个脚印扎实前行。

围绕供应链条，百仕达是助推企业发展的平台；围绕城市菜篮，百仕达是参与者与践行者；围绕合作共赢，百仕达是发起人与合作者。百仕达打造中国版的西斯科，成为供应链行业的民族品牌。百仕达人砥砺前行。

结语

分析百仕达成功的时间表、里程碑、路线图，不难发现，其成功归因于：赛道把握准确，倒推经营卓越，谙熟共享经济，断、舍、离适度。当然，对政商、营商、内卷环境的分析，对产销、配销、销售环节的打透是赢得优势的关键。

十五　植物蛋白健康饮食

哈尔滨福肴食品有限公司是东方集团旗下全资子公司，在东方集团农业全产业链布局基础上，凭米糠、榛蘑、大豆优良基因，以科技改变生活为指导思想，启动了用蛋白质解码改变国人饮食结构的民生工程！

1. 东方集团企业简介

1978 年，既是中国改革开放元年，又是东方集团创建之年。东方集团伴随着改革开放的脚步不断发展与壮大。客观地讲，东方集团是中国改革开放的见证者、参与者、践行者、探求者、贡献者与受益者。

东方集团业务涉及现代农业及健康食品、金融产业、资源物产、石油天然气及新能源、信息安全、港口交通、新型城镇化开发七大业务板块，拥有联合能源、民生银行、锦州港、东方股份四家上市公司。

东方集团践行《“健康中国 2030”规划纲要》，在打造百姓粮仓米袋民生工程的基础上，着力高水分植物基蛋白产业领域，提供食品行业碳中和落地解决方案。福肴公司是东方集团在大健康产业布局的重要节点。

2. 核心专长精准分析

福肴公司以“健康中国 2030”规划为主旨，选择植物基蛋白领域突破，聚焦蛋白、细胞、基因、组织和肌体，研发创新植物基蛋白产品，旨在为提升国人健康水平提供高分子植物基蛋白整体解决方案。

福肴公司以科技改变生活为方针，智力赋能大健康产业，与沈阳农业大学、沈阳师范大学深度合作，研发高水分植物蛋白，以产学研结合方式攻克植物蛋白配方、水分、色泽、纤维和味道难题。

福肴公司高水分植物蛋白项目是国内第一条高水分植物基生产线。该项目通过对植物蛋白进行加工调理，使其质构、风味接近真实肉类，产品具有零胆固醇、低脂肪、高蛋白等优点，加工技术达到国际领先水平。

3. 产品组合优势分析

植物蛋白是蛋白质族系的主角，是从米面、豆类等植物中提取生成的，营养与动物蛋白相仿，但易于消化且不含脂肪。蛋白质是构成人体生命的必备物质，蛋白质配比数据对人体生命质量与状态有重要作用。

东方集团投资数亿元打造了高水分植物蛋白项目，福肴公司作为项目生产运营企业，以地域、习俗、味道传承为核心，以植物蛋白为基础，研发出品仿肉品、仿海鲜植物蛋白系列，追求百搭口味的餐饮魂。

福肴公司在生产植物蛋白产品的同时，采用自主专利技术，精选寒地黑土粳稻米糠，以此为原料生产出的食品级米糠粉，具有高蛋白、高膳食纤维、富含维生素的特点，可应用于烘焙、保健、代餐、全谷物餐领域。

4. 服务真诚售后持续

研发优势，业态多样。福肴公司整合集团优势资源，研发出品植物蛋白系列半成品，可对接中西快餐、休闲简餐、中西正餐、家宴宴席等多个业态，强大的研发优势、直供能力、配送能力能够满足顾客需要。

专属定制，指导落地。福肴公司通过交流、演示、教学，针对个性需求，聚焦主流工艺、技法、味型，对接食品与餐饮领域的不同品类，用"流程＋料理包＋训练"的模式，实现专属定制，并以递延服务持续跟进。

福肴公司植物蛋白解决方案五大保障：产品（健康原料＋研发团队）、运营（品牌推广＋营销方案）、技术（全产业链＋植物蛋白技术）、物流（仓储基地＋冷链配送）、资质（专利＋专家＋省级科技成果）。

5. 科技创新成果转化

福肴公司以黑龙江寒地黑土的优质非转基因无腥味大豆蛋白与玉米蛋白为基础原料，以黑土地独有的稻花香米糠与小兴安岭野生榛蘑为植物蛋白纤维质构基材，为植物蛋白产品保驾护航，助力国人大健康。

福肴公司植物蛋白项目整体加工基础理论与工艺技术体系已通过院士鉴定，总体技术达到国际先进水平，是国内首家技术及装备国有化、自主创新、整体技术集成与产业化示范的高水分植物蛋白加工生产企业。

福肴公司利用独有的高水分配方基材特性，加工调理的植物蛋白，质构、风味接近动物肉的形态与口感；开发出的零胆固醇、低脂肪、高蛋白、高水分植物蛋白产品，被认定为省级重大科技成果转化项目。

6. 安全健康追溯管理

①安全是基础。食品安全是食品产业的本源，福肴公司不忘初心，将食

品安全贯穿项目生产经营全程，从原料选择、生产工艺、出品检测、包装材质到仓储条件、冷链配送、追溯机制等均有食品安全控制保驾。

②营养是保障。食品产业以食品营养为诉求，福肴公司出品的高水分植物蛋白系列产品与食品级米糠粉，具有零胆固醇、低脂肪、高蛋白、高膳食纤维等营养特性，是素食、白领、减脂、运动人群的更好的食物选择。

③健康是目的。吃出健康是食品产业的目标，福肴公司以科技赋能营养标注、营养配比、健康提示，用数据、用指标保驾健康基因，旨在为国人提供健康的植物蛋白产品，为提升国人生命质量砥砺前行。

结语

东方集团从 2010 年开始研究高水分植物蛋白产品，是国内最早在该领域投入研究的企业，旗下福肴公司是截至目前国内唯一一家拥有全产业链高水分植物蛋白产品全套解决方案的厂商。科技助力健康生活案例也由此生成。

十六　鲜喵科技赋能食堂

鲜喵科技智力赋能食堂，包括鲜喵科技企业概述、价值主张未来愿景、健康食堂解决方案、鲜喵科技量身定制、鲜喵科技创新经营、鲜喵科技服务设计6个维度。本案也是鲜喵科技品牌手册的文字版设计。

1. 鲜喵科技企业概述

厦门鲜喵网络科技有限公司（以下简称鲜喵科技），专注于智慧食堂降本增效，以 AI 视觉识别、“重力感应生鲜柜 +RFID 智能结算台”为餐厅赋能，旨在实现节省人工成本、提高午餐客单价、提升晚餐净菜收入财务预期。

鲜喵科技成立于 2017 年，总部包括“双核引擎驱动”，即厦门总部运营中心负责项目运营远程管控，福州研发生产中心负责研发转化落地。鲜喵科技成立后，无形资产不断增值，已获得多项软件著作与产品专利。

鲜喵科技客户包括中粮、TCL、海信商用、海康威视、中国石油、蒙牛公司、永辉彩食鲜、浙江十足以及多省市中小学、高校、机关食堂。目前，已获四轮风险投资和上市公司股东投资，并被选为厦门上市后备企业。

2. 价值主张未来愿景

鲜喵科技要做团餐信息化领袖品牌，叠加互联网、物联网、5G 经济优势，努力成为团餐领域 IOS 系统整体解决方案的服务平台。

鲜喵科技以科技改变生活为主旨，用科学创新带动技术创新，用技术创新带动场景表现，为国人健康饮食带来福祉是其宗旨使命。

鲜喵科技用研发赢得优势，把每一次研发创新与创造及时转化为现实生产力，以提升项目点、供应链、双制式对接的运营效率。

鲜喵科技为希望工程智力赋能，做好学生团餐，打造中国 K12 样板；为民生工程智力赋能，做好政府机构、企业单位，打造健康食堂样板；为价值工程智力赋能，做好产销环节、配销环节、销售环节链接样板；为团餐产业智力赋能，打透办公 OA、物流 ERP、项目 POS 间的闭环管理。

3. 健康食堂解决方案

鲜喵科技有 5 年餐饮行业信息化开发、运营、管理的经验与品牌沉淀，专注于团餐信息化管理系统建设，能针对团餐企业管理痛点打造一体化解决方案，既能为用户提供便捷化工具，又能辅导管理落地。

鲜喵科技能为团餐项目实现刷卡结算、手机扫码与人脸结算无感支付；顾客考勤记录、饭卡自助充值、菜品自由选择、菜价精确到克；食堂数据独立存储或云端存储，营业数据实时监控与安全可靠等功能。

鲜喵科技能为团餐项目打造完善的 ERP 系统，实现采购、库存、加工过程成本管控与数据分析，预估未来销售、反推采购成本，做到精益采购；通过菜品 BOM 清单实现精细管理，让食材消耗范围可控，杜绝浪费。某同类市场 A、B 食堂数据对比，如表 1 所示。

表 1　某同类市场 A、B 食堂数据对比

项目	A 传统食堂	B 鲜喵自助结算食堂
经营方式	人工打菜	自由选择
平均客单价 / 元	15	22
消费满意度 10 分	7	8.5
消费频次 / 次	2	3
渗透率	83%	98%
人工成本	100%	↓ 10%
综合竞争力	中等	强

4. 鲜喵科技量身定制

2021 年 10 月，中共中央办公厅、国务院办公厅印发了《粮食节约行动方案》，针对打餐排队时间长、食堂菜品品类少、餐卡不便易丢失、备餐统计笼统、食材浪费严重等诸多问题，要求各部门进行整改落实。

鲜喵科技按《粮食节约行动方案》要求，为团餐企业提供量身定制改造方案，包括设计餐台改造方案、就餐方式改造方案、线上支付改造方案、改造周期测试方案和设备使用升级维护一揽子式系统解决方案设计。

鲜喵科技一揽子式系统解决方案能实现缩短排队时间（自助打餐、自动结算）、提升就餐体验（重量计费、自己配餐）、节省人力资源（无感结算、减少人工）、减少食材浪费（营养食谱、采购数据）预期设计。

5. 鲜喵科技创新经营

鲜喵科技为团餐企业精益管理赋能：从智能菜谱、精准投量、食材申报、营养数据及顾客档案到 BOM 采购管理、档口管理、数据分析，再到售货机、取餐柜、福利商城、外卖打通，能实现多渠道销售的统一管理。

鲜喵科技以硬件软件解决方案为载体，为客户提供智能 AI 识别终端结算台、POS 移动消费刷卡机、门禁人脸识别身份绑定机，通过人脸、微信、支付宝、电子卡组合支付应用，优化结算流程，脱离实卡束缚。

鲜喵科技智慧食堂科技能协助团餐企业打造智能化、便捷化的就餐场景，实现从食堂现场自助打菜到线上预订、自助机点餐的升级，完成高峰期用餐人员的高效分流，在缓解排队拥堵的同时，有效提升单位时间营业水平。鲜喵科技智慧食堂首页，如图 1 所示。

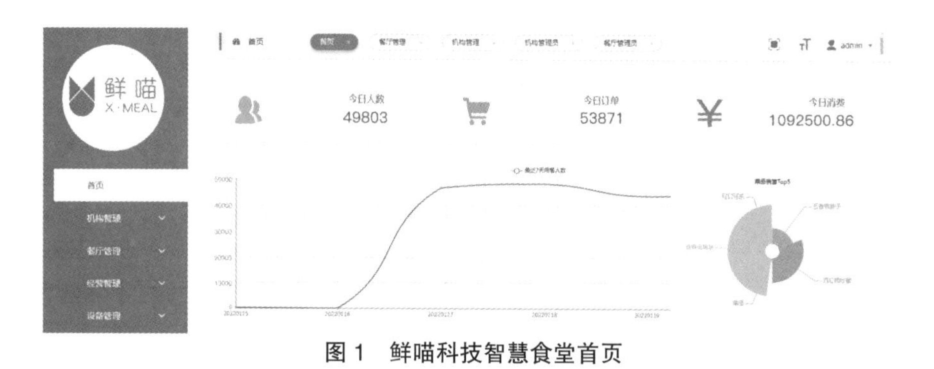

图 1　鲜喵科技智慧食堂首页

6. 鲜喵科技服务设计

鲜喵科技针对团餐业态项目点分散、体系复制力弱、管理水平参差不齐的现状，研发出成套食堂数字化管控工具，通过可视化、标准化、定量化的智力赋能，既能提高部门核心能力，又能减少对经验管理的依赖。

鲜喵科技用 SOP 标准内训视频资料简化作业流程，避免资源浪费与人为管理疏漏，实现从菜单编排、食材申报、投量计算、食材采购到货品仓储、加工制作、产品销售、数据日清和数据分析的业务闭环管理。

鲜喵科技合作模式包括两种：一是标准化产品，即软件有 SaaS 版、独立部署两种版本，硬件有采销、租赁、流水分成三种模式；二是定制化产品，即软件系统指导管理，硬件设备应用落地，为用户输出系统解决方案。

结语

鲜喵科技有自己的顶层设计、战略布局、跨区经营布局，有自己的双核驱动、转化落实、成长目标管理，有自己的解决方案、项目辅导、多元合伙经济。鲜喵科技力争在未来创造更大业绩。

案例部分联系方式

1. 北京新华空港航空食品有限公司　联系人：徐霖　电话：13369312555

2. 上海麦金地集团股份有限公司（北京分公司）　联系人：李亚东　电话：13901383650

3. 北京振达餐饮管理有限公司　联系人：李应华　电话：13910126929

4. 四川顺心餐饮投资管理有限公司　联系人：李昂　电话：13308068038

5. 天津市中山美食林快餐有限责任公司　联系人：王卓　电话：15802214315

6. 超能鹿战队　电话：4008006867

7. 上海新贝乐企业管理有限公司　联系人：顾勇　电话：13801630691

8. 上海伊秀餐饮管理股份有限公司　联系人：周晴　电话：15902154125

9. 杭州九阳豆业有限公司　联系人：黄欣　电话：18958138760

10. 鹿邑县澄明食品有限公司　联系人：赵跃平　电话：4000568777

11. 六位仙食品科技霸州有限公司　联系人：张彦　电话：13311292799

12. 天津联信电子科技有限公司　联系人：孙治军　电话：13332003305

13. 湖南纯蜜坊食品科技股份有限公司　联系人：王建伟　电话：18873099466

14. 上海百仕达供应链管理有限公司　联系人：何辉　电话：18621673229

15. 哈尔滨福肴食品有限公司　联系人：王丹　电话：17788995177

16. 厦门鲜喵网络科技有限公司　联系人：林在焰　电话：18060660306